解 读 地 球 密 码

丛书主编　孔庆友

地下乌金

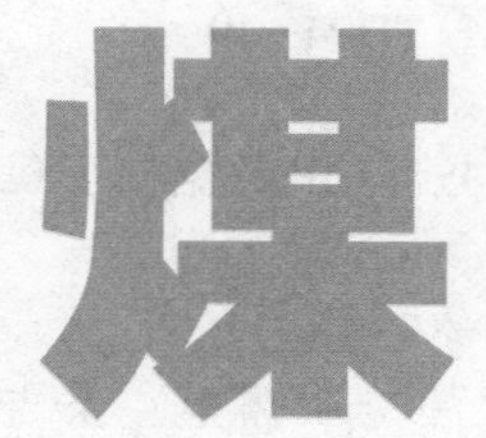

Coal

The Black Stone Underground

本书主编　吕大炜　潘拥军　梁吉坡

山东科学技术出版社

·济南·

图书在版编目（CIP）数据

地下乌金——煤 / 吕大炜，潘拥军，梁吉坡主编.-- 济南：山东科学技术出版社，2016.6（2023.4重印）
（解读地球密码）
ISBN 978-7-5331-8364-6

Ⅰ.①地… Ⅱ.①吕… ②潘… ③梁… Ⅲ.①煤－普及读物 Ⅳ.① TD94-49

中国版本图书馆 CIP 数据核字（2016）第 141824 号

丛书主编　孔庆友
本书主编　吕大炜　潘拥军　梁吉坡
参与人员　王东东　马祥县　王　薇

地下乌金——煤
DIXIA WUJIN——MEI

责任编辑：梁天宏　宋丽群　魏海增
装帧设计：魏　然

主管单位：山东出版传媒股份有限公司
出 版 者：山东科学技术出版社
地址：济南市市中区舜耕路 517 号
邮编：250003　电话：（0531）82098088
网址：www.lkj.com.cn
电子邮件：sdkj@sdcbcm.com
发 行 者：山东科学技术出版社
地址：济南市市中区舜耕路 517 号
邮编：250003　电话：（0531）82098067
印 刷 者：三河市嵩川印刷有限公司
地址：三河市杨庄镇肖庄子
邮编：065200　电话：（0316）3650395

规　格：16 开（185 mm × 240 mm）
印　张：8.25　　字数：149 千
版　次：2016 年 6 月第 1 版　　印次：2023 年 4 月第 4 次印刷
定　价：38.00 元
审图号：GS（2017）1091 号

普及地質科学知识
提高民族科学素質

李廷栋
2016年元月

传播地学知识，弘扬科学精神，
践行绿色发展观，为建设
美好地球村而努力。

翟裕生
2015年10月

贺　词

自然资源、自然环境、自然灾害，这些人类面临的重大课题都与地学密切相关，山东同仁编著的《解读地球密码》科普丛书以地学原理和地质事实科学、真实、通俗地回答了公众关心的问题。相信其出版对于普及地学知识，提高全民科学素质，具有重大意义，并将促进我国地学科普事业的发展。

国土资源部总工程师

编辑出版《解读地球密码》科普丛书，举行业之力，集众家之言，解地球之理，展齐鲁之貌，结地学之果，蔚为大观，实为壮举，必将广布社会，流传长远。人类只有一个地球，只有认识地球、热爱地球，才能保护地球、珍惜地球，使人地合一、时空长存、宇宙永昌、乾坤安宁。

山东省国土资源厅副厅长

编著者寄语

★ 地学是关于地球科学的学问。它是数、理、化、天、地、生、农、工、医九大学科之一，既是一门基础科学，也是一门应用科学。

★ 地球是我们的生存之地、衣食之源。地学与人类的生产生活和经济社会可持续发展紧密相连。

★ 以地学理论说清道理，以地质现象揭秘释惑，以地学领域广采博引，是本丛书最大的特色。

★ 普及地球科学知识，提高全民科学素质，突出科学性、知识性和趣味性，是编著者的应尽责任和共同愿望。

★ 本丛书参考了大量资料和网络信息，得到了诸作者、有关网站和单位的热情帮助和鼎力支持，在此一并表示由衷谢意！

科学指导

编著委员会

目录

CONTENTS

Part 2 煤炭用途概观

煤的利用/16

我国是最早利用煤炭的国家之一。先秦时期就有煤炭使用的记录。西汉到南北朝时期煤炭利用逐渐成熟；隋唐宋元时期，我国煤炭开发利用普遍发展，取得长足进步；明清时期煤炭利用达到繁盛。在现代，煤不仅作为燃料，还可提炼出焦油、炼焦煤气和氨水，又可加工制造出药品、肥料、炸药、人造纤维以及化学工业原料苯、甲苯、酚和萘等。

燃烧动力用煤/23

煤作为一种燃料，主要用途之一就是作为燃烧动力用煤，如生活用煤、火力发电用煤、铁路机车用煤、船舶用煤、工业锅炉用煤、水泥工业用煤等。

炼焦用煤/27

炼铁、铸造、生产电石、气化以及金属的冶炼等都离不开发热量高、黏结性好、低灰分、低硫分的焦炭。为了获得足够的焦炭进行冶炼，通常用具有黏结性的气煤、肥煤、焦煤和瘦煤按比例配成炼焦原料，人工炼制焦炭。

煤化工/29

煤化工是指以煤为原料，经化学加工使煤转化为气态、液态和固态燃料以及化学品的过程。主要包括煤的气化、液化，制造电石、腐殖酸、提取褐煤蜡等。

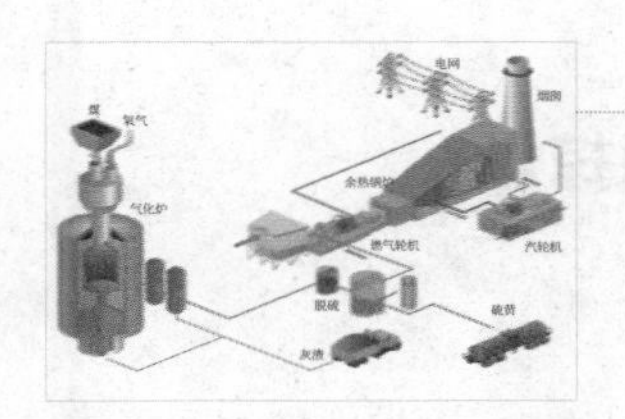

世界煤炭资源掠影

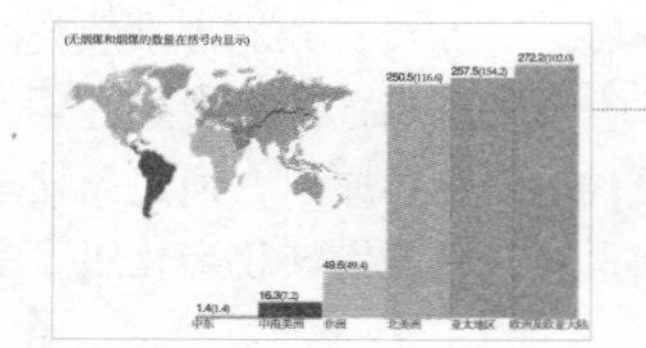

世界煤炭资源分布/54

世界上，煤炭分布范围广，含煤地层的面积约占全球陆地总面积的15%。北半球多于南半球，尤其集中在北半球的中温带和亚寒带地区。煤炭集中分布在石炭系（20.5%）、二叠系（26.8%）、侏罗系（16.3%）、白垩系（20.5%）、古近系至新近系（15.8%）。世界上约90%的含煤地层分布在稳定的坳陷盆地内，仅10%分布在不稳定的断陷盆地内。

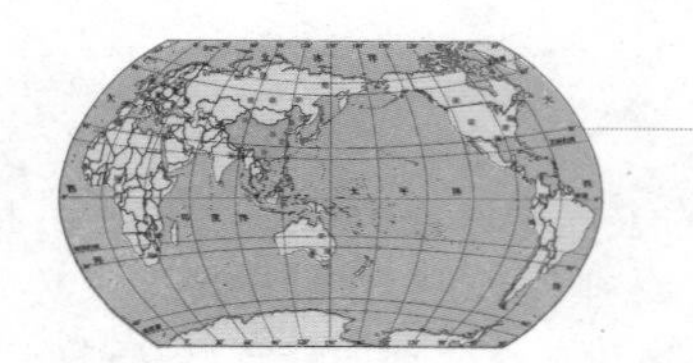

世界煤炭资源量/56

世界的煤炭资源量分布不均匀，主要分布在亚洲、欧洲和北美洲，其中亚洲集中世界煤炭资源地质储量的60%。截至2011年底，世界煤炭资源探明的可采储量8 609亿t，其中无烟煤和烟煤4 048亿t，次烟煤和褐煤4 562亿t。煤炭可采储量以美国居首，2 372亿t，占全球煤炭储量的27.6%；俄罗斯次之，1 570亿t，占全球18.2%；中国第三，1 145亿t，占全球13.3%。

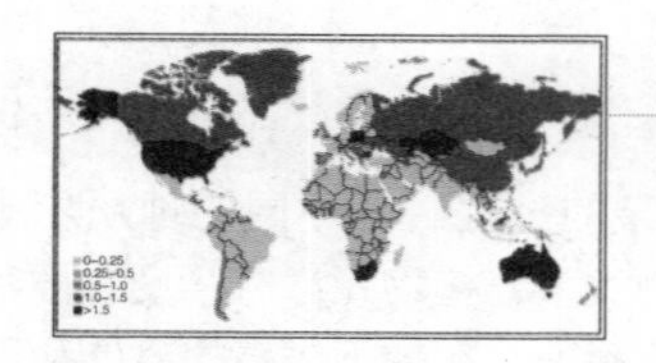

世界典型煤田/62

全球100多个国家有煤炭资源赋存。煤炭产量中国居首位，之后依次为美国、印度、澳大利亚、俄罗斯、南非、德国、波兰、乌克兰、印度尼西亚、加拿大。这些国家都有一些大型的煤田，产出大量煤炭。不同国家和地区、不同的煤田，在产煤层位、煤层赋存、煤质特征、开采方式、储量与产量等方面各有特色。

中国煤炭资源大观

中国煤炭分布/68

中国的聚煤期很多，发育了多套含煤地层，如石炭—二叠纪、三叠纪、侏罗纪、白垩纪、古近纪等。我国煤炭资源丰富、分布广泛、品种齐全，且煤炭中的共伴生矿产资源较为丰富，但优质的动力煤、无烟煤和炼焦用煤相对较少，我国煤炭资源大都分布在北部和西北部地区，与经济发展程度呈逆向分布；我国的煤炭大都埋藏深，适宜露天开采的较少。

中国煤炭资源量/79

根据第三次全国煤田预测资料，我国垂深2 000 m以浅的煤炭资源总量为5.5万亿t，90%以上分布在新疆、内蒙古、山西、陕西、河南、宁夏、甘肃、贵州等省区。我国北方省区煤炭资源量占全国总量的93%，南方约占7%。在我国煤炭资源中，褐煤资源量占煤炭资源总量的5.74%；低变质烟煤占51.23%；中变质烟煤占28.71%；高变质煤占14.31%。

中国典型煤炭基地/81

中国煤炭资源非常丰富，随着社会发展对能源的需求量越来越大，我国建立了13个亿吨级煤炭能源基地，成为我国煤炭生产的主要阵地。神东、晋北、晋中、晋东、陕北大型煤炭基地主要为华东、华北、东北供给煤炭，并作为“西电东送”北通道电煤基地。冀中、河南、鲁西、两淮基地主要向京津冀、中南、华东供给煤炭。蒙东（东北）基地主要向东三省和内蒙古东部供给煤炭。云贵基地主要向西南、中南供给煤炭，并作为“西电东送”南通道电煤基地。

Part 6 山东煤炭资源鸟瞰

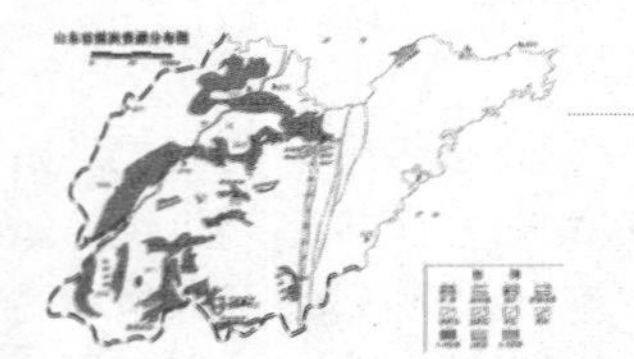

山东省煤炭资源具有储量较多、赋存条件较好、品种多样、煤质优良的优势。鲁西地区占总煤炭资源量的97.5%，鲁东地区占2.5%。其中，石炭—二叠系煤田广泛分布于鲁西，是山东主要含煤地层。早侏罗世煤田主要赋存在潍坊坊子煤田；古近系煤田主要分布于烟台龙口、潍坊五图等地。

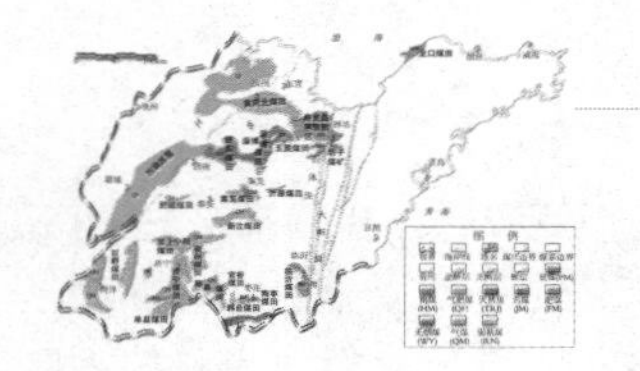

山东省煤种主要为气煤、肥煤，其次为褐煤、长焰煤、无烟煤、焦煤、瘦煤和天然焦等，煤种较齐全，煤质也好。气煤主要分布在山东南部及中部地区，肥煤主要分布在寿光、昌邑地区，气肥煤则主要分布在鲁西北地区。不同时期、不同成煤环境中形成的煤，灰分含量、硫分含量、挥发分含量等均有较大差异，煤的质量也随之不同。

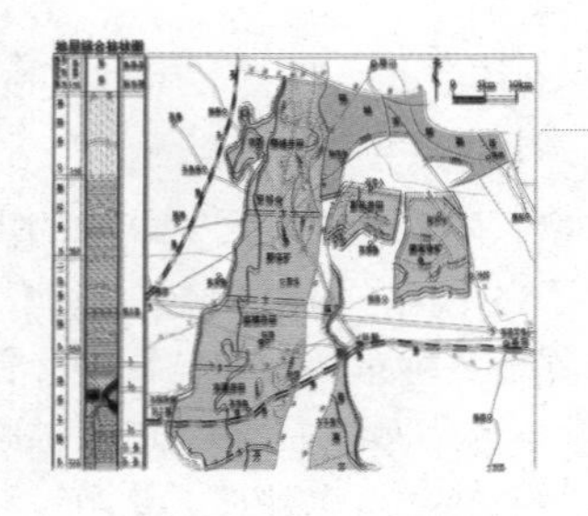

山东省煤炭资源分布广泛，在我国东部属资源丰富省区之一。截至2002年底，累计探明煤炭储量约305亿t；预测资源量约400亿t；埋深2 000 m以浅的煤炭资源总量约696亿t。山东省煤炭资源绝大部分分布在二叠系，储量约占全省煤炭资源量的94.1%；古近系的煤炭资源占5.6%，中、下侏罗统的煤炭资源仅占0.3%。

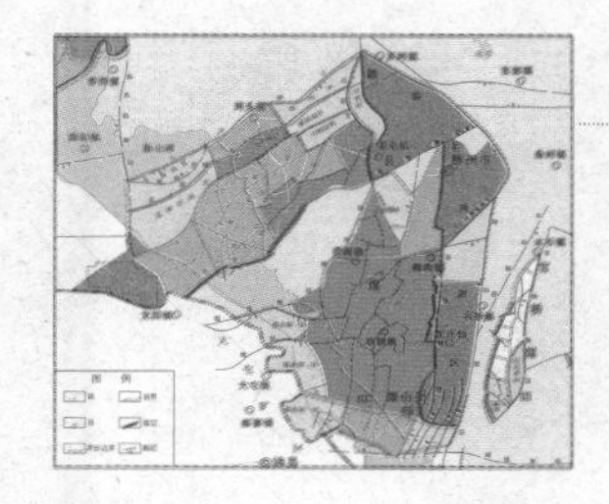

山东典型煤田/96

山东省是我国东部产煤大省，煤炭资源分布比较广泛，煤炭是山东省的优势矿产。石炭—二叠系蕴藏了丰富的煤炭资源，现在正在开发的煤田有巨野煤田、滕县煤田、济宁煤田等；早、中侏罗世坊子组内也蕴藏有煤炭，如坊子煤田；古近纪李家崖组内也发育了一些煤田，如龙口煤田。

参考文献/114

地学知识窗

镜质体反射率/7　黏结指数/14　煤的干馏/22　干燥基成分/32　同位素年龄测定/36　泥炭/49　坳陷型聚煤盆地、断陷型聚煤盆地/56　煤的共伴生矿产/76　矿床/84　煤的区域变质作用、煤的接触变质作用/98　不整合接触/102

Part 1 煤炭知识入门

“沉睡在大地深处的古老丛林 / 积攒了数千万年太阳的火焰 / 流淌着希望血液的精灵 / 在我脚下，大地的深处蔓延……”

——池墨梅《煤炭之歌》

我国是最早发现和使用煤的国家之一，远古时代我们的祖先就发现了煤。有文字记载的煤的应用可以追溯到成书于春秋战国时期的《山海经》《墨子》等，煤最初的称谓有“石涅”“黑丹”“焦石”等。

煤是远古时代的植物死亡后被埋藏于地下深处，在地下较高的温度、压力下，经过一系列复杂的变化转变而成的一种固态、可燃烧的矿产。

不同类型的植物可以形成不同类型的煤，如腐植煤、残植煤、腐泥煤、腐植腐泥煤。根据煤在地下受热的多少不同、变质程度不同，又可以分为褐煤、烟煤、无烟煤……不同类型的煤在颜色、光泽、反光能力、硬度、脆度、密度、导电性、元素组成、分子排列、生烃能力、工业用途等方面各有特点，且彼此有较大的差异，使得煤的世界多姿多态。

煤的称谓

“煤”的名称知多少

中国是世界上最早发现煤的国家之一。春秋战国时期《墨子》中把煤称为“每”（明代有人把“每”加上“火”字旁，写成“烸”，把煤称作“烸”）。同一时期，《山海经》之《山经》中称煤为“石涅”（图1-1）。《西山经》中记载了两处产石涅的地点：“女牀（音chuáng，床的繁体字）之山，其阳多赤铜，其阴多石涅”；“女儿之山，其上多石涅”（图1-2）。清代毕沅认为其中

图1-1 《山海经》及其记载的“石涅”

图1-2 《西山经》中记载的石涅产地——女牀之山及古代采煤方法

指的地点是凤翔府的岐山和蜀郡双流的女伎山，这两地现在仍然有煤田分布。汉代《孝经援神契》记载："王者德至山陵，则出黑丹。"这"黑丹"就是指煤。东晋王嘉撰《拾遗记·岱舆山》中"岱舆山一名浮析，东有员渊千里……山人掘之，入地数尺，得焦石如炭，灭有碎火，以蒸烛投之，则然而青色。"其中的"焦石"即为煤。

汉、魏、晋时期，称煤为"石墨"或"石炭"。明代，石炭被称为煤或煤炭。明代李时珍的《本草纲目·石三·石炭》中记载："《拾遗记》言'焦石如炭'，《岭表录》言'康州有焦石穴'，即此也。""石炭即乌金石，上古以书字，谓之石墨，今俗称为煤炭。煤、墨音相近也。"

"煤"——释义

煤又称煤炭，是化石燃料的一种，它是远古时代的植物残体（有时含有少许低等动物）被埋藏于地下深处，在地下较高的温度、压力作用下，经过一系列复杂的变化（包括生物化学作用、成岩作用、变质作用），转变而成的一种可燃烧的固态矿产（图1–3）。

煤并不是一种简单的、质地纯净的化合物，而是多种有机组分和无机矿物质组成的一种混合物。我们知道，煤燃烧后会产生一些煤灰，这就是煤中的无机矿物质，习惯称它为灰分。煤中的灰分含量一般小于40%。如果大于40%，则称

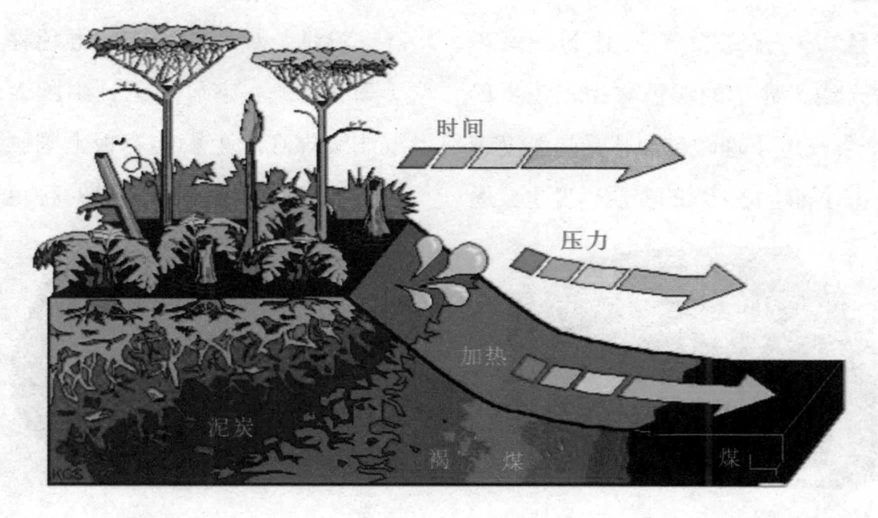

图1–3　煤的形成

之为炭质泥岩。煤中的有机组分主要是由碳（C）元素组成的，还有氢（H）、氧（O）、氮（N）、硫（S）等元素（图1-4）。

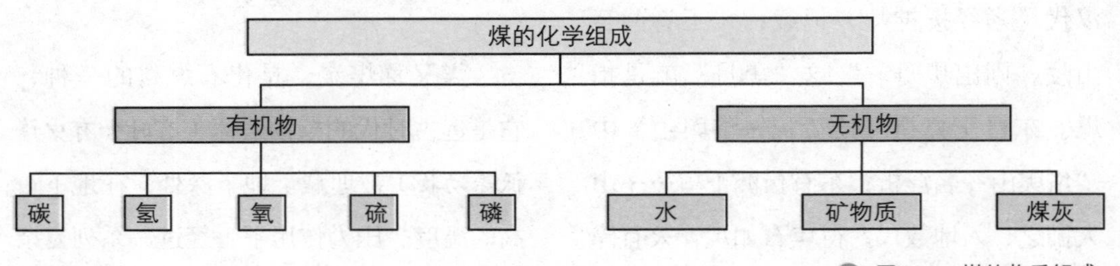

图1-4 煤的物质组成

煤的特征

煤的基本物理特性

颜色

表色 在普通白光照射下，煤表面反射光线所显示的颜色称为表色（图1-5）。煤在地下埋藏越深，受热温度越高，受热时间越长，煤的变质程度也会逐渐增高，表色表现出规律性的变化，依次为褐色、褐黑色、黑色、黑色略带灰色、灰黑色、铜黄色或银白色。

粉色 煤研成粉末的颜色称为粉色（图1-6）。它可用钢针刻画煤的表面或用镜煤在未上釉的瓷板上刻画条痕而得，粉色也称条痕色。煤的粉色一般略

图1-5 煤的表色

图1-6 煤的粉色

浅于表色。随着变质程度逐渐增高，粉色依次表现为浅褐色、褐色、深褐色到黑褐色、褐黑色、黑色有时略带褐色、深黑色或灰黑色。

体色 把煤磨成薄片（厚约0.03 mm），用显微镜在普通透射光下观察，煤薄片显示出的颜色，称为透光色，又称体色（图1-7、图1-8）。煤中不同组分的透光色不同，常见的有黄色（壳质组）、红色（镜质组）和黑色（惰质组）。

反光色 把煤的表面磨光，用显微镜在普通反射光下观察，煤的磨光面上显示出的颜色称为反光色（图1-9）。煤中不同组分的反光色均呈灰至白色色调，但随煤变质程度的增高，煤反光色逐渐变浅。

反射荧光色 煤的磨光面用蓝光或紫外光激发而呈现的颜色，称为反射荧光色（图1-10）。反射荧光色随煤中组分和煤变质程度的不同而变化，有绿黄色、黄色、棕色等。随煤变质程度增高，荧光减弱，直至消失。

光泽

煤的光泽是指煤新鲜断面的反光能力。腐泥煤（煤的分类见后述）的光泽一般都比较暗淡。腐植煤的宏观煤岩成分中，镜煤的光泽最强，亮煤次之，暗

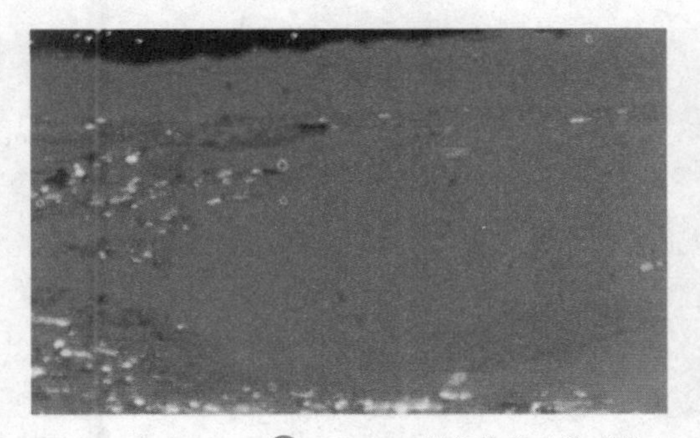

图1-7 煤的体色（镜质体）

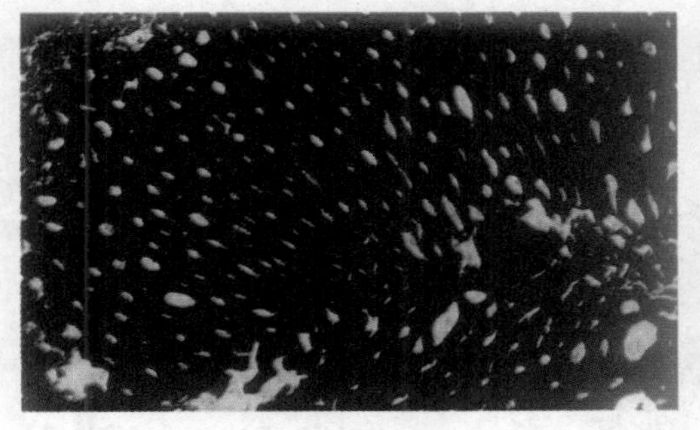

图1-8 煤的体色（丝质体）

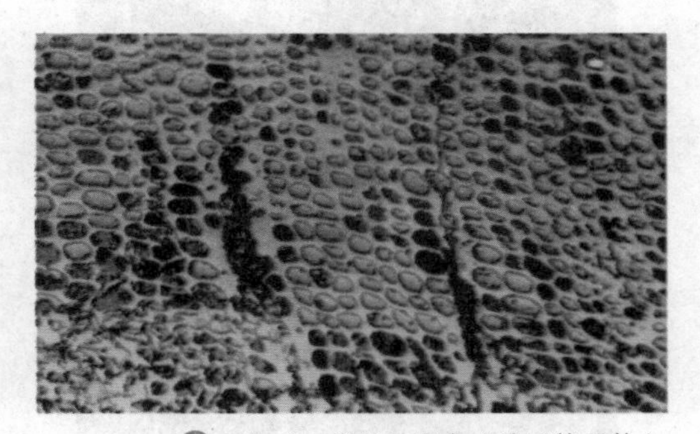

图1-9 煤的反光色（胶质镜质体）

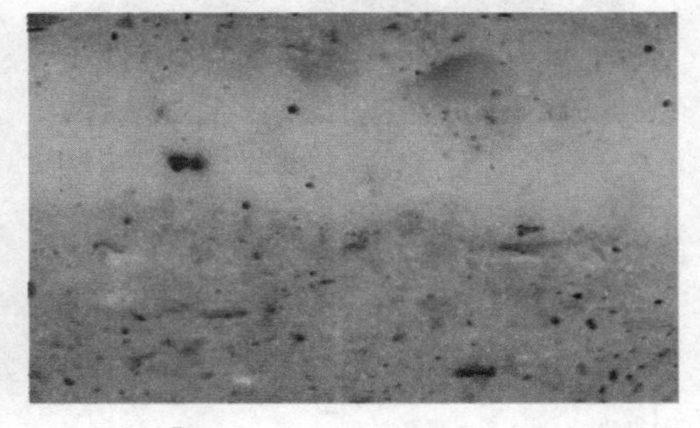

图1-10 煤的反射荧光色（沥青体）

煤和丝炭的光泽暗淡（图1–11）。随着煤的变质程度增高，煤的光泽也有规律地增强，年轻褐煤无光泽，老褐煤呈蜡状光泽或弱的沥青光泽（图1–12），低变质程度的烟煤具沥青光泽、油脂光泽（图1–13、图1–14），中变质程度的烟煤具强玻璃光泽（图1–15），高变质程度的烟煤具金刚光泽（图1–16），无烟煤具半金属光泽（图1–17）。

反射率

把煤的表面磨光，用垂直光照射煤

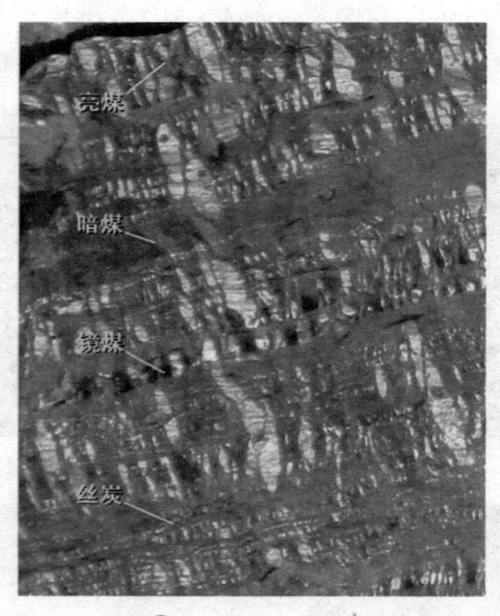

图1–11 煤的宏观煤岩组分

注：镜煤的颜色深黑、光泽强，是煤中颜色最深和光泽最强的成分；丝炭外观像木炭，颜色灰黑，具明显的纤维状结构和丝绢光泽，丝炭疏松多孔，性脆易碎，能染指；亮煤的光泽仅次于镜煤，一般呈黑色，亮煤的组成比较复杂；暗煤的光泽暗淡，组成比较复杂，一般呈灰黑色。

图1–12 蜡状光泽

图1–13 沥青光泽

图1–14 油脂光泽

图1–15 玻璃光泽

图1-16　金刚光泽

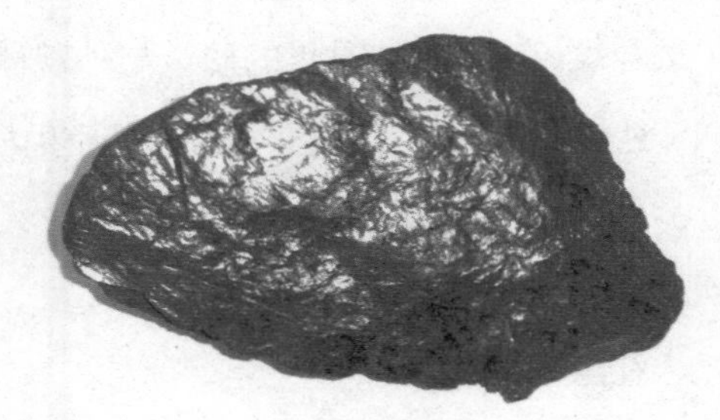

图1-17　半金属光泽

的磨光面，煤的磨光面会有光线反射回来，反射光强度与入射光强度之比称为煤的反射率，以百分率表示，常记为符号（R_0）。从不同角度测量煤的反射率，结果是不一样的，但在特定的变质阶段，反射率的最大值是相对稳定的，故常用最大反射率来反映煤的变质程度。

硬度

我们把煤抵抗外来机械作用的能力称为煤的硬度。随着外加机械作用力的性质不同，煤的硬度表现形式也不一样。德国矿物学家摩斯（F.Mohs）取自然界常用的十种矿物作为标准，将硬度分为1度到10度共十个等级，即滑石硬度为1，石膏为2，方解石为3，萤石为4，磷灰石为5，正长石为6，石英为7，黄玉为8，刚玉为9，金刚石为10，即摩斯硬度标准（Mohs Hardness），也称为摩氏硬度计。煤的宏观煤岩成分中，暗煤硬度最大，亮煤、镜煤硬度小。煤的硬度还与它的变质程度有关，褐煤和中煤化程度的

——地学知识窗——

镜质体反射率

现实生活中煤分为很多类型，其工业价值或者市场价格差异性很大。煤的分类是怎么开展的呢？实际上，这是根据煤的变质程度指标（镜质体反射率）来进行的。煤的镜质体反射原理是：镜质体是一种煤素质经过地质作用转化而成，主要是由芳香稠环化合物组成，随着煤化程度的增大，芳香结构的缩合程度也加大，这就使得镜质体的反射率增大。有机质热变质作用越深，镜质体反射率越大。镜质体反射率越高，代表变质程度越高。

烟煤硬度最小，为2～2.5；无烟煤硬度最大，接近4。

脆度

煤的脆度是指煤受外力作用而破碎的性质。强度小者，煤易破碎，脆度大；反之，脆度小。丝炭的脆度大，硬度小；镜煤的脆度大，但硬度小；暗煤的硬度大，脆度小。煤的宏观煤岩成分和类型不同其脆度不同。煤的脆度还与煤变质程度有关，中变质程度的烟煤脆度最大，低变质程度煤的脆度变小，无烟煤的脆度最小。

断口

煤受外力打击后断开的表面称为断口。断口反映了煤物质组成的均一性和方向性的变化。煤中常见的断口有贝壳状断口、阶梯状断口、参差状断口、棱角状断口、粒状断口等（图1-18）。组成较均一的煤，如腐泥煤、腐植腐泥煤、镜煤等，常具有贝壳状断口；而组成不均一的煤常见其他类型的断口。

密度

煤的密度是指单位体积煤的质量，又可以分为煤的真密度和视密度。煤的真密度是煤的质量与体积（不包括煤中孔隙的体积）之比。褐煤的真密度为1.30~1.4 g/cm³，烟煤为1.27~1.33 g/cm³，无烟煤为1.40~1.80 g/cm³。煤的视密度（又称煤的假密度）是煤的质量与外观体积（包括煤中孔隙）之比。褐煤的视密度为1.05~1.30 g/cm³，烟煤为1.15~1.50 g/cm³，无烟煤为1.4~1.70 g/cm³。

孔隙率

煤中存在许多毛细孔和微裂隙，煤中毛细孔和裂隙的总体积与煤的外观总体积之比称为煤的孔隙率或孔隙度，也可用单位重量煤包含的孔隙体积（cm³/g）表示。煤孔隙率的大小与煤的变质程度有关，褐煤的孔隙率高，为15%～25%；无烟煤的孔隙率也较高，为5%～10%；而低中煤级烟煤的孔隙率较低，为

贝壳状断口

参差状断口

阶梯状断口

图1-18　煤中常见的断口

2%～5%。煤的孔隙率与显微煤岩组分和煤中矿物质含量有关。相同煤级的煤，孔隙率变化也较大。

导电性

煤的导电性是指煤传导电流的能力，通常以电阻率表示。褐煤的孔隙率大，含水多，并有溶于水中的可导电的腐殖酸离子，属于水溶液离子导电，所以导电性好；烟煤是不良导体，电阻率大；高变质程度的烟煤至无烟煤，电阻率迅速减小，煤的导电性大大增强，属于自由电子导电，为良导体。

煤化作用特征

植物死亡后一部分被微生物分解，残留的部分保存下来，便形成了泥炭。泥炭被逐渐埋藏于地下深处，经历了压实、成岩、变质等复杂作用，最终成煤。从泥炭到煤所经历的一系列作用，称为煤化作用。在煤化作用过程中，煤的元素含量、分子结构等化学性质发生规律性变化。

煤在连续系列演化过程中，由泥炭阶段含有碳（C）、氢（H）、氧（O）、氮（N）、硫（S）五种主要元素，演变到无烟煤阶段基本上只含碳（C）一种元素，碳（C）的含量明显增加（增碳化）。这是因为在煤演化过程中，其他元素和碳元素结合构成挥发性化合物并逐渐排出，造成了煤中碳含量随煤化程度（变质程度）增加而增加。

煤化作用过程中，煤分子的结构由复杂逐渐变得单一（图1-19a），由泥炭

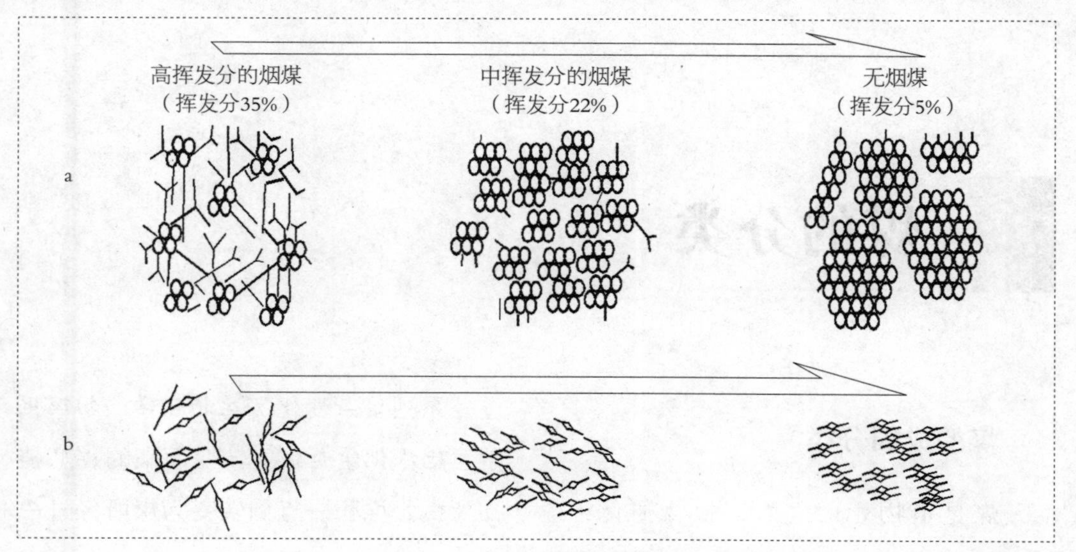

图1-19　煤化作用过程中煤分子结构演化示意图

阶段含多种官能团的结构，逐渐演变到无烟煤阶段只含缩合芳核的结构，最后演变为石墨结构，实际上是煤分子依序逐渐排除不稳定结构的过程。

煤化作用过程还表现为煤分子结构日趋致密和分子趋于定向排列（图1-19b），即随煤化作用的进行，煤的有机分子侧链由长变短，数目变少，腐植复合物的稠环芳香系统不断增大，逐渐趋于紧密，分子排列逐渐规则化，从混杂排列到层状有序排列。

煤化作用过程中，煤显微组分性质的差异逐渐减小，最终趋于均一。在煤化作用的低级阶段，煤显微组分的光性和化学组成结构差异显著，但随着煤化作用的进行，这些差异趋于一致，变得越来越不易区分。

煤化作用并非是双向的，而是一种不可逆的反应过程。煤受到一定的温度和压力下，经历一定的受热时间后，变质程度会增高；之后，无论遭受怎样的变化，煤的变质程度不会再变低，即不可逆。

此外，煤化作用的进行过程并非是循序渐进的（线性），而是表现为煤的各种物理、化学性质在某些特殊时期发生突变，称为煤化跃变。20世纪40年代，英国煤岩学家指出，煤化过程中镜质组反射率的增高是跳跃式的。1939年，Stach提出挥发分为28%时类脂组出现煤化作用转折。20世纪70年代以来，有学者提出了煤化过程中的4次明显变化，即煤化作用跃变。

煤的分类

煤的成因分类

煤是植物死亡之后，植物遗体经过一系列复杂变化（生物化学、物理化学、地球化学变化）转变而来的；从植物死亡、堆积一直到转变为煤所经过一系列的演变过程，称为成煤作用。自然界中，植物可分为低等植物和高等植物两大类（图1-20），低等植物包括藻类、菌类（图1-21），高等植物包括早期纤维管植物、蕨类和古裸子植物、裸子植物、被子植物（图1-22）。根据成

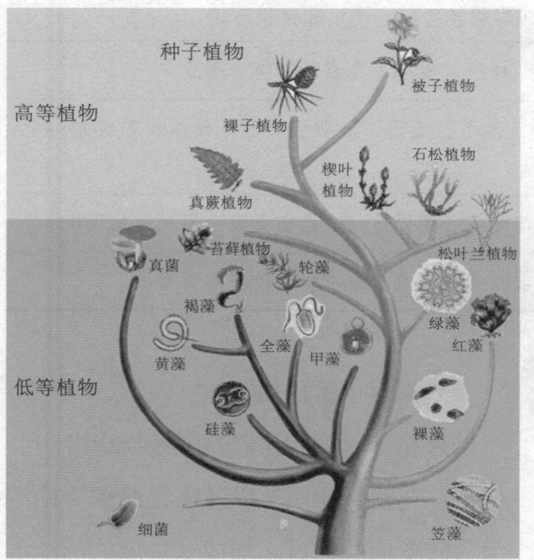

图1-20 植物演化图解

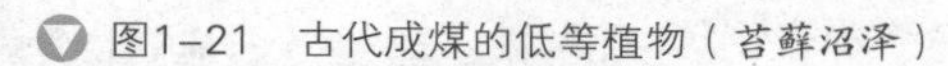
图1-21 古代成煤的低等植物（苔藓沼泽）

图1-22 古代成煤的高等植物（森林沼泽）

煤植物类型的不同、煤炭形成环境的不同，可以把煤划分为许多类型：腐植煤（腐植煤、残植煤）、腐植腐泥煤、腐泥煤（表1–1）。

表1–1　煤类划分

大类	类型	成煤原始质料的类别和聚积环境
腐植类	腐植煤	高等植物的树枝、树干、树叶等在沼泽环境中形成
	残植煤	高等植物的树脂、孢子、花粉、角质层以及木栓组织等稳定组分在沼泽环境中形成
腐植腐泥类	腐植腐泥煤	高等植物和低等植物都占重要地位，聚积于湖、沼过渡的环境
腐泥类	腐泥煤	低等植物和少量动物在湖沼或沼泽中积水较深部位形成

腐植煤（图1–23）

腐植煤是高等植物死亡后在水体活动性差、缺氧的沼泽环境下堆积，经成煤作用转变而成的煤。这类煤中常含有保存程度不同的树枝、树干、树叶等植物遗体残骸，在显微镜下，可见到植物的细胞结构。腐植煤具有不同强度的光泽，并常有条带状结构。

残植煤（图1–24）

残植煤主要由高等植物中的树脂、孢子、花粉、角质层以及木栓组织等稳定组分转变而成的煤。形成这种煤的沼泽水体活动性好、富含氧气，富氧的新鲜流水不断注入，植物遗体中稳定性差的组分等被大量分解且被流水带走，使得稳定性好的组分得以相对富集。根据煤中主要稳定

图1–23　腐植煤

图1–24　琥珀残植煤

组分的成分类型，残植煤又可以分为树皮残植煤、树脂残植煤、角质残植煤和孢子残植煤等。残植煤一般光泽比较暗淡，具粒状、片状或块状，大多以透镜状或夹层出现在腐植煤中。

腐泥煤（图1–25）

腐泥煤是低等植物（藻类植物及浮游生物）在湖沼、潟（音xì）湖或闭塞的浅海环境中，在缺氧的条件下，经腐烂分解后转变而成的煤。煤中常保存有未完全分解的植物残体。这种煤的表面比较均一，光泽暗淡，断口呈贝壳状；有的挥发分、氢含量和含油率较高，适合炼油。藻煤是腐泥煤的典型代表，也称为石煤。当腐泥煤中矿物质的含量高于有机物质含量时，称为油页岩。腐泥煤发育相对较少，大多呈透镜状或薄层夹在腐植煤中。

图1–25 腐泥煤

腐植腐泥煤（图1–26）

腐植腐泥煤是高等植物和低等植物并以低等植物为主形成的煤，即相对腐殖质以腐泥质占优势的煤，系腐植煤和腐泥煤的过渡类型，性质介于两者之间。属于腐植腐泥煤的有烛煤、卡西扬煤、烛藻煤等。其中烛煤为典型代表。烛煤燃点低，因其火焰与蜡烛火焰相似得名。山西浑源、山东兖州均产烛煤。若腐殖质含量超过腐泥质时，即为腐泥腐植煤。

图1–26 腐植腐泥煤

煤的工业分类

中国煤工业分类（中国煤炭分类）是根据工业用途、工艺性质和质量要求等规定的指标进行的。煤的分类是为了合理用煤和统一煤的使用规格。2009年6月1日，中国煤炭工业协会发布了新的《中国煤炭分类》（GB/T 5751—2009），从褐煤、烟煤到无烟煤（图1-27）划分为3大类（褐煤、烟煤、无烟煤）、17个亚类（年轻褐煤、老褐煤、长焰煤、不黏煤、弱黏煤、1/2中黏煤、气煤、气肥煤、1/3焦煤、肥煤、焦煤、瘦煤、贫瘦煤、贫煤、无烟煤三号、无烟煤二号、无烟煤一号）。

褐煤

多为块状，呈黑褐色，光泽暗，质地疏松；含挥发分40%左右，燃点低，容易着火，燃烧时上火快，火焰大，冒黑烟；含碳量与发热量较低（因产地、煤级不同，发热量差异很大），燃烧时间短，需经常加煤。

烟煤

一般为粒状、小块状，也有粉状的，多呈黑色而有光泽，质地细致，含挥发分30%以上，燃点不太高，较易点燃；含碳量与发热量较高，燃烧时上火快，火焰长，有大量黑烟，燃烧时间较长；大多数烟煤有黏性，燃烧时易结渣。

无烟煤

分为粉状和小块状两种，呈黑色有金属光泽，发亮。杂质少，质地紧密，固定碳含量高，可达80%以上；挥发分含量低，在10%以下，燃点高，不易着火；但发热量高，刚燃烧时上火慢，火上来后比较大，火力强，火焰短，冒烟少，燃烧时间长，黏结性弱，燃烧时不易结渣。应掺入适量煤土烧用，以减轻火力强度。

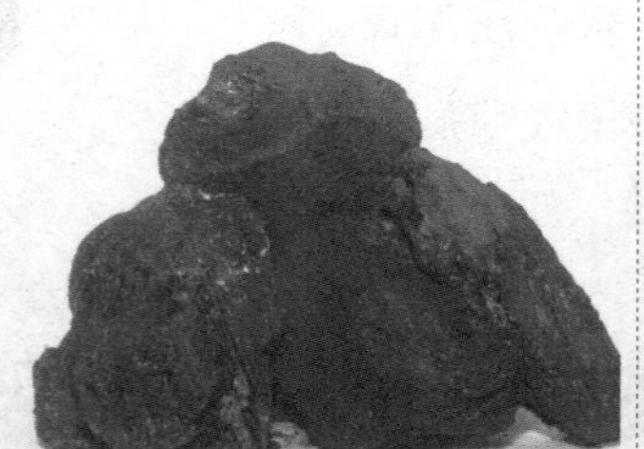

图1-27　煤的大类：褐煤、烟煤、无烟煤

——地学知识窗——

黏结指数

在煤的工业利用过程中，不同类型的煤具有不同的物理性质，这种性质影响工业产品质量，比如炼钢，煤的指标直接影响钢铁的质量，这种指标一般用煤的黏结性、结焦性来评价。将一定质量的试验煤样和专用无烟煤样在规定的条件下混合，快速加热成焦，所得焦块在一定规格的转鼓内进行强度检验，以焦块的耐磨强度即抗破坏力的大小来表示煤样的黏结能力。

Part 2 煤炭用途概观

在古老的中华大地上，在与自然界的生存斗争中，我们的祖先不断生息、繁衍，并从自然界发现和利用煤炭资源，为中华民族的生存发展提供了源源不断和无可替代的能源，为中华文明的延续与繁荣增添了光和热。

作为一种燃料，煤最主要的用途就是作为燃烧动力用煤，如生活用煤、火力发电用煤、铁路机车用煤等。此外，炼铁、铸造、生产电石、气化以及金属的冶炼等，也都离不开燃烧煤炭。

煤还是一种重要的化工原料，经化学加工可使煤转化为气态、液态和固态燃料以及多种化学品，如肥料、人造纤维等。

煤的利用

在古老的中华大地上，在与自然界的生存斗争中，我们的祖先不断生息、繁衍，并从自然界发现和利用各种资源，取得生活和生产的资料，从而改变和完善着自身。煤炭作为人类的重要能源，就是在中国古代人民长期的探索与实践过程中登上中国历史舞台的。煤炭的被发现、开发和利用，为中华民族的生存发展提供了源源不断和无可替代的能源，为中华文明的延续与繁荣增添了光和热，丰富了中华文明史的内容。

古代煤的利用

先秦时期：我国就开始了最初的煤炭利用

1973年，辽宁的考古工作者在发掘沈阳新乐遗址时，发现了大量朴拙而小巧的煤制品（煤精雕刻制品）、煤块、半成品（图2-1）。经测定，这批煤精制品是生活在距今六七千年前的人们采集、成批加工制作的。因此，中国用煤的历史至少有六七千年了。到了西周及战国，我国的煤雕工艺与煤制品又有新的提高，把利用煤炭提高到新的水平。周代，我国已出现“丱（矿）人”这一称谓，并明确了其责任范围，说明已有专门的管理人员。尽管这一时期煤炭资料很不丰富，但还是可以勾勒出我国先秦时期（或称早期）煤炭开

图2-1　新乐遗址出土的煤精雕刻制品

发的大致轮廓及其概貌。

西汉至南北朝时期：我国煤炭利用逐渐成熟

在汉代，煤炭已成为冶铁业的燃料，不仅在考古中发现有炼炉、坩埚炼铁的用煤证据，而且在南北朝时期就有了明确的文字记载（图2–2）。北魏郦道元的《水经注·河水注》引释氏《西域记》中就有关于古代冶铁用煤的记载："屈茨北二百里，有山。……人取此山石炭，冶此山铁，恒充三十六国用。"魏晋时已有深达八丈的煤井（立井）和可容纳一百多人的煤洞（平硐）。煤炭应用于冶铁行业，是中国煤炭开发利用的一大成果、一大贡献。当时已可使用专用模具制作煤饼，而且还制出既可发出香味又具取暖功能的香煤饼。

隋唐宋元时期：我国煤炭开发利用普遍发展，取得长足进步

该时期土法炼焦技术在此时已经成型。唐代就出现了"炼炭""瑞炭"等处于雏形阶段的焦炭。至宋代，炼焦技术臻

图2–2　古代的冶铁技术

于完善，也有炼焦炉的发现，且把焦炭用于墓葬。炼焦技术的发明，使我国煤炭加工利用进入了新阶段，成为中国科技史上的重大成果，也是中国人民的一大贡献。用煤烧瓷技术的发明，为陶瓷业的发展增添了新动力（图2–3），成为中国用煤史上的一大亮点。此外，在医药、烧砖、炼丹、殉葬等领域煤炭都被广泛利用。

图2–3　隋代（581～618）用煤烧制的三彩陶骆驼

明清时期：煤炭利用十分繁盛

明代宋应星所著《天工开物》中记载，将煤按块的大小分为明煤、碎煤和末煤，指出明煤产于燕、齐、秦、晋，碎煤产于吴、楚；并按煤的性质与用途将碎煤进行分类："炎（火焰）高者曰饭炭，用于炊烹；炎平者曰铁炭，用于冶锻。"（图2–4）明代李时珍在《本草纲目》中则记述了煤的药用性能。

现代煤的利用

煤被广泛用作工业生产的燃料，是从18世纪末的工业革命开始的。随着蒸汽

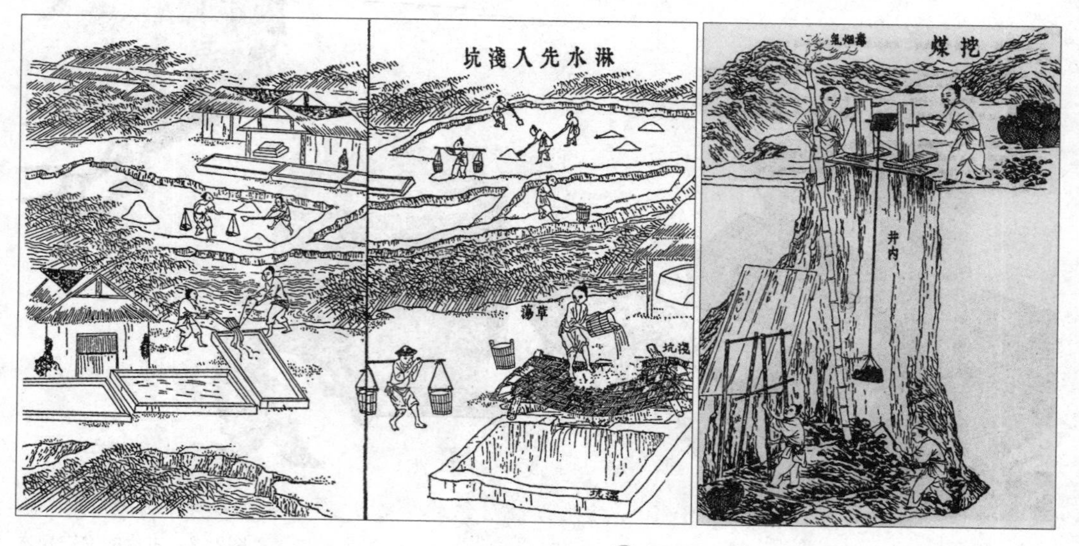

图2–4　《天工开物》中古代人对煤的使用

机的发明和使用，煤被广泛地用作工业生产的燃料，给社会带来了前所未有的巨大生产力，推动了工业的向前发展，随之发展起煤炭、钢铁、化工、采矿、冶金等工业。煤炭热值高，标准煤的发热量为29 MJ/kg，而且储量丰富，分布广泛，一般也比较容易开采，被广泛用作各种工业生产中的燃料。

煤炭对于现代化工业来说，无论是对重工业，还是对轻工业，无论是对能源工业、冶金工业、化学工业、机械工业，还是对轻纺工业、食品工业、交通运输业，都发挥着重要的作用，各种工业部门都在一定程度上要消耗一定量的煤炭，因此有人称煤炭是工业“真正的粮食”。

在现代，煤的利用领域大大拓宽。煤不仅仅被当作一种简单的燃料进行利用，而是进行了煤的综合利用，即煤的气化、液化和干馏。这是目前煤综合利用的主要方法。利用这些加工手段可以从煤中获得多种有机化合物，可见煤是一种重要的化工原料。

煤的气化

煤的气化就是把煤转化为可燃性气体的过程（图2-5、图2-6）。在高温下煤和水蒸气作用得到CO、H_2、CH_4等气体，

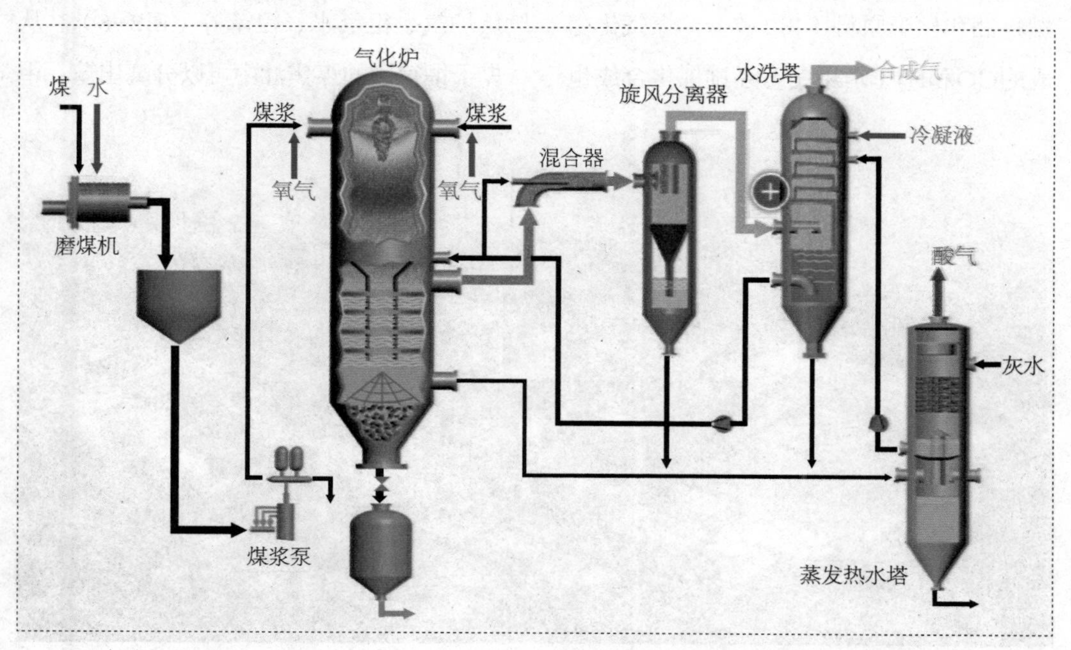

图2-5　煤气化技术的流程与设备

图2-6 煤气化炉

生成的气体可作为燃料或化工原料气。

煤的液化

煤的液化是把煤转化为液体燃料的过程。在一定条件下，使煤和氢气作用，既可以得到液态燃料，也可以获得洁净的燃料油和化工原料（图2-7）。煤气化生成的CO和H_2（水煤气）经过催化合成也可以得到液态燃料。用水煤气还可以合成液态碳氢化合物和含氧有机化合物。

煤的干馏

煤的干馏是将煤隔绝空气加强热，使其发生复杂的变化，得到焦炭、煤焦油、焦炉气、粗氨水、粗苯等（图2-8）。从煤干馏得到的煤焦油中可以分离出苯、甲

图2-7 内蒙古汇能煤化工煤液化项目

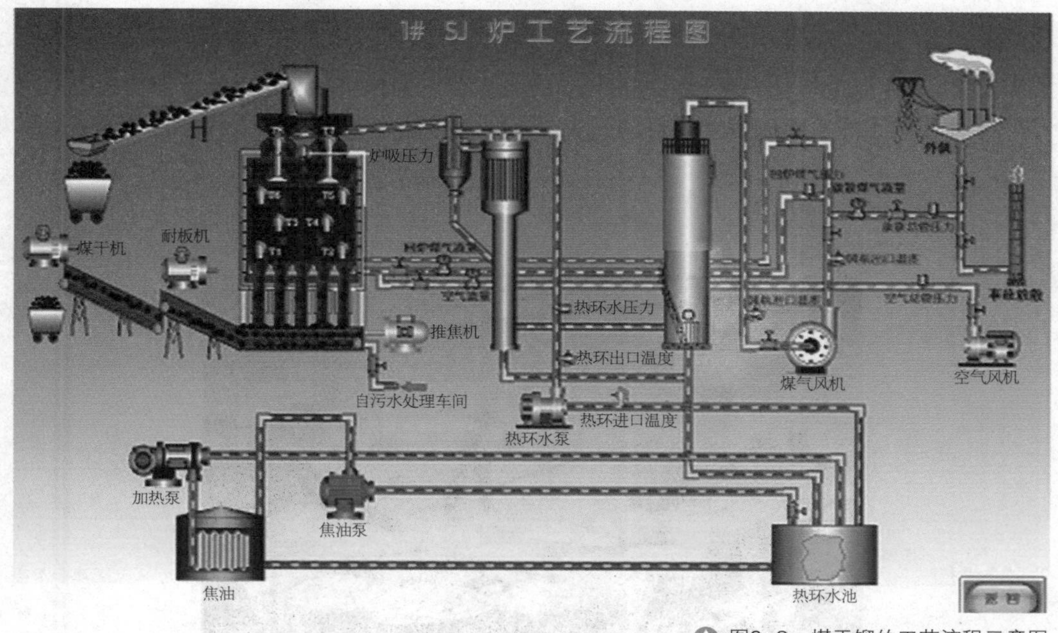

图2-8　煤干馏的工艺流程示意图

苯、二甲苯等有机化合物。利用这些有机物可炼制得染料、化肥、农药、洗涤剂、溶剂和多种合成材料（图2-9）。

所以，煤又是一种非常重要的化工原料，我国相当多的中、小氮肥厂都以煤炭作为原料生产化肥。我国的煤炭广泛用作多种工业的原料。

此外，煤炭中还往往含有许多放射

图2-9　化肥及人造纤维

性和稀有元素如铀、锗、镓、镁等，成为稀有矿床的载体，这些放射性和稀有元素是半导体和原子能工业的重要原料。如陕西府谷从煤中提炼镁，产生了巨大的影响（图2-10）。“世界镁业在中国，中国镁业在府谷”，2010年府谷县的金属镁产量就占世界金属镁产量的1/4。

图2-10 府谷县涉镁生产企业工人工作图

——地学知识窗——

煤的干馏

煤经常作为化工原料，可以通过干馏产生很多液态资源。因此，煤的干馏是煤化工的重要组成部分。一般说来，将煤放到隔绝空气条件下进行高温加热促使其分解生成焦炭或半焦、煤焦油、粗苯、煤气等产物。现今煤化工的干馏可以按加热终温的不同分为三种类型：900~1 100℃的高温干馏，700~900℃的中温干馏及500~600℃的低温干馏。

燃烧动力用煤

生活用煤

生活用煤主要是指居民生活用煤、服务行业、机关团体用煤、冬季采暖用煤、城乡小企业生产用煤，约占我国煤年产量的20%。民用煤的形式（图2-11）也有多种，煤燃烧后热量被利用的比例（热效率）大不相同。散煤的热效率仅为

图2-11　散煤（上）和蜂窝煤（下）

10%，煤球为20%，蜂窝煤为30%，上点火蜂窝煤达40%～50%。上点火蜂窝煤的特点是易燃、上火快、发热量高、硫低、火旺耐烧、着火点低、使用方便。

火力发电用煤

我国煤产量中约有30%用于火力发电，发电厂是用煤大户（图2-12）。我国火力发电厂大多采用粉煤锅炉，发电量越大的发电厂，对煤的发热量及脆性要求越高。煤的粒度越细越好，要求小于200网目的粉煤要占85%以上，要求煤越易磨碎越好。一般要求煤的发热量大于17 MJ/kg，煤的灰分含量要低于30%，硫含量越小越好。

铁路机车、船舶用煤

以燃煤为动力的铁路机车，对煤炭有比较高的要求。铁路机车锅炉的烟道比较短，要求水蒸气的蒸发量大[70～80 kg/(m^2·h)]，通风强度大，流速快（>30 m/s），故需使用块煤，且粒

图2-12 火电发电厂

度以6～50 mm为好（图2-13）。块煤供应不足时，也可供原煤，但夹矸含量不能大于1%；如用混合煤，则需煤的粒度在0～50 mm之间。煤种可用长焰煤、弱黏煤、1/2中黏煤、1/3焦煤、气煤、肥煤、气肥煤等（要求挥发分含量大于20%）。随着社会的发展，燃煤的铁路机车越来越少了。

图2-13 铁路燃煤机车

船舶用煤对质量要求更严，因船的体积小，供煤不方便，要求使用发热量高、灰分含量低的块煤（图2-14）。煤的粒度要求为13～50 mm的小块和中块煤或者混块煤，灰分含量要小于14%，发热量大于25 MJ/kg，挥发分含量最好在25%～40%，煤灰熔点要大于1 250℃。可用单种煤燃烧，也可用多种煤配煤燃烧，但无烟煤和褐煤不宜作为船舶用的配煤。

图2-14 燃煤船舶

工业锅炉用煤

工业锅炉广泛用于化学工业、造纸、印染、纺织等行业，主要有层燃炉、悬燃炉和沸腾炉（图2-15）。

层燃炉

燃料在炉排上铺成层状，空气由炉排下送入。燃料一部分在炉排上燃烧，一部分在炉膛中燃烧，可储存较多的煤，燃烧稳定。按操作方式可分为手烧炉、链条炉、抛煤机炉、振动炉排炉等。

悬燃炉

又称煤粉炉，没有炉排，燃料在炉内是悬浮状态燃烧，燃烧稳定性差，但燃烧效果好，机械化程度高，适于大炉。

沸腾炉

把煤料破碎至一定粒度，从炉排下送入压力较高的空气，将燃料层吹到一定高度燃烧。燃料在炉内上下翻滚，完成燃烧过程。该炉可烧劣质煤、油页岩、煤矸石、石煤。但飞灰量大，热损失大，耗电量大，管道易磨损。

图2-15　燃煤工业锅炉

水泥工业用煤

大、中型水泥厂的主要的燃煤设备为水泥回转窑（图2-16），它对燃煤煤质的要求较高。一般为弱黏煤、不黏煤、1/2中黏煤、气煤、1/3焦煤、气肥煤、焦煤、肥煤。可搭配使用煤类别为长焰煤、瘦煤、贫瘦煤、贫煤、褐煤、无烟煤。按煤的粒度来说一般为粉煤、末煤、混煤、粒煤。煤的灰分含量要小于27%，且越低越好；煤的挥发分要大于25%，挥发分适中，火焰明亮，升温快，熟料的质量好；煤的发热量要大于21 MJ/kg，温度低会影响熟料的矿物成分和结晶状态，使水泥的安定性强度（标号）降低；硫分含量要低于2%。

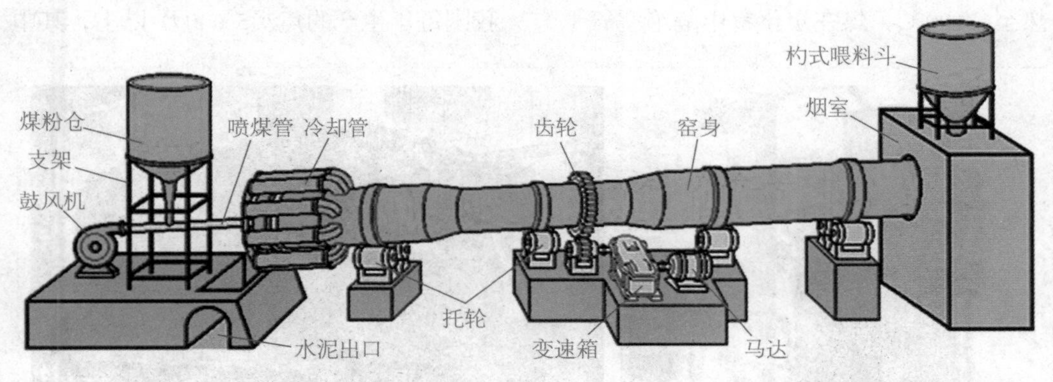

图2-16　水泥回转窑模型图解

炼焦用煤

炼焦用煤是指适于炼制冶金焦炭的煤。炼焦用煤必须具有良好的结焦性，通常用具有黏结性的气煤、肥煤、焦煤和瘦煤（或其中的两三种）按比例配成炼焦原料。除黏结性外，炼焦用煤要求低灰（≤10%）、低硫（<1.0%）和低磷（<0.02%），以保证获得高强度、低杂质的优质焦炭。炼焦的副产品有焦

炉煤气和煤焦油，它们都是重要的化工原料。

焦炭用于炼铁、铸造、生产电石、气化以及金属的冶炼等。炼焦是在炼焦炉的炭化室内进行的（图2–17）。炭化室宽0.45 m，高4.3～5.5 m，长14～16 m，可装煤18～27 t，炭化室两边为燃烧室，温度达1 300℃，隔着耐火砖把炭化室加热至1 100℃，煤在炭化室中隔绝空气干馏，经过14～16 h，煤就炼成焦炭。炼焦产品中焦炭约占75%，焦炉煤气占18%，煤焦油占4%，还有粗苯、氨、硫等。每座焦炉有几十个至上百个炭化室。焦炉煤气热值很高，是很好的气态燃料。煤焦油经分馏后可得到很多有用的化工产品，如汽油、煤油、柴油、润滑油、沥青等，粗苯和氨也是主要的化工原料。我国每年生产的焦炭5 000万t以上，其中

立磨机

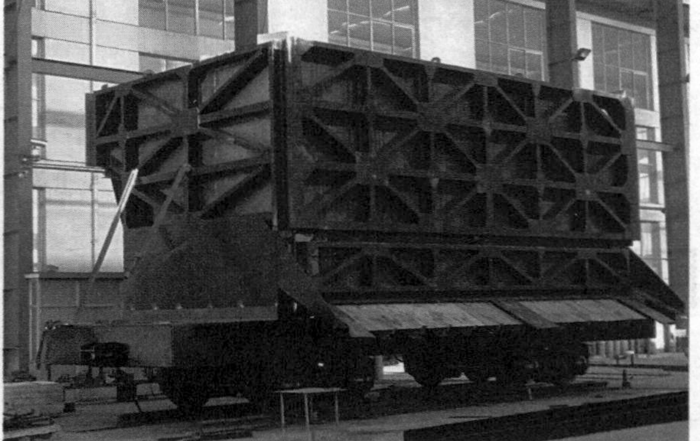

焦炉熄焦设备

焦炉全貌

焦化污水处理设备

图2–17　炼焦设备

大部分用于高炉炼铁。

焦炭在炼铁高炉中所起的作用主要有三个：一是还原剂，与铁矿石中的氧作用生成CO和CO_2，把铁还原出来；二是热源，焦炭燃烧时产生高温（炼铁高炉温度约1 600℃），保证化学反应的进行，使铁矿石熔化；三是支撑剂，焦炭在高温下不变形，保证高炉中气流畅通、生产正常进行。所以，炼铁必须有一定粒度的高强度、低灰、低硫的优质焦炭。

煤化工

制造电石用煤

在电炉内2 200℃的高温下，将生石灰与焦炭进行反应，生成电石（CaC_2）（图2-18、图2-19）。电石与水反应，生成乙炔（C_2H_2）、乙炔在氧气中燃烧可产生3 500 ℃的高温，可用来切割金属；电石还可用于制造塑料、合成纤维、合成橡胶、化肥和农药等。制造电石可用焦炭或无烟煤。对无烟煤的质量要求是，固定

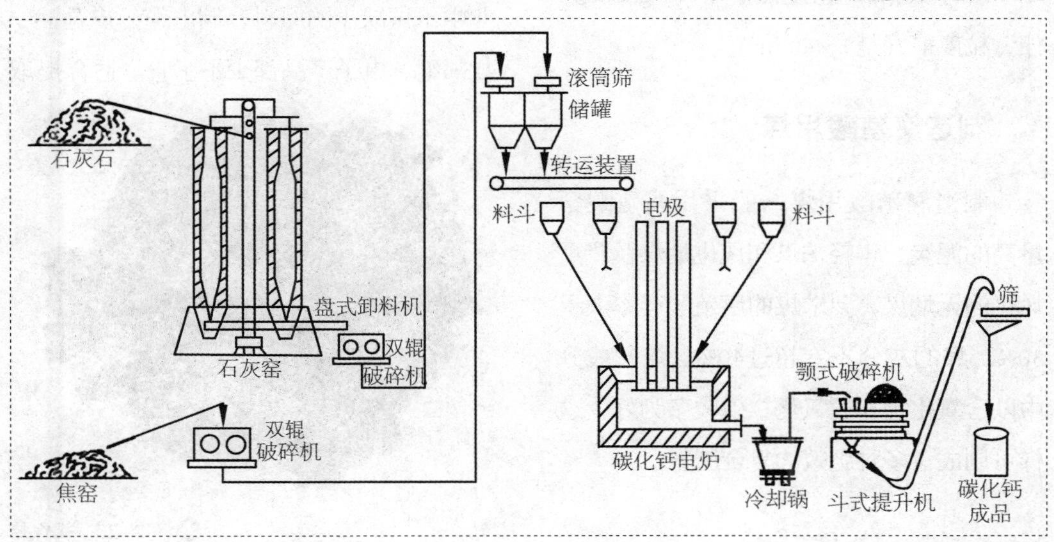

图2-18 制造电石用煤原理

图2-19　电石炉

碳含量要高，挥发分含量小于10%，灰分要低于7.0%，全硫含量小于1.5%、磷含量小于0.04%、煤的密度以小于1.6 g/cm³为佳，粒度最好是3～40 mm。

制造腐殖酸用煤

制造腐殖酸用煤一般采用腐殖酸含量高的泥炭、年轻褐煤和风化烟煤及严重风化的无烟煤。要求煤的腐殖酸产率大于30%，煤的灰分不宜超过40%。煤灰成分中以含氧化钾和五氧化二磷较多为好，这样可制成含多种肥效的复合肥料。

提取褐煤蜡用煤

褐煤蜡（图2-20）是轻工业、化学工业中不可缺少的原料，制电缆、皮鞋油、复写纸、电子产品都少不了它。适合提取

图2-20　褐煤蜡

褐煤蜡的煤是年轻褐煤，要求苯抽提物含量大于3%，灰分不宜太高（图2-21）。

此外，煤炭还可以制作一些工艺品，具有很好的观赏价值（图2-22）。

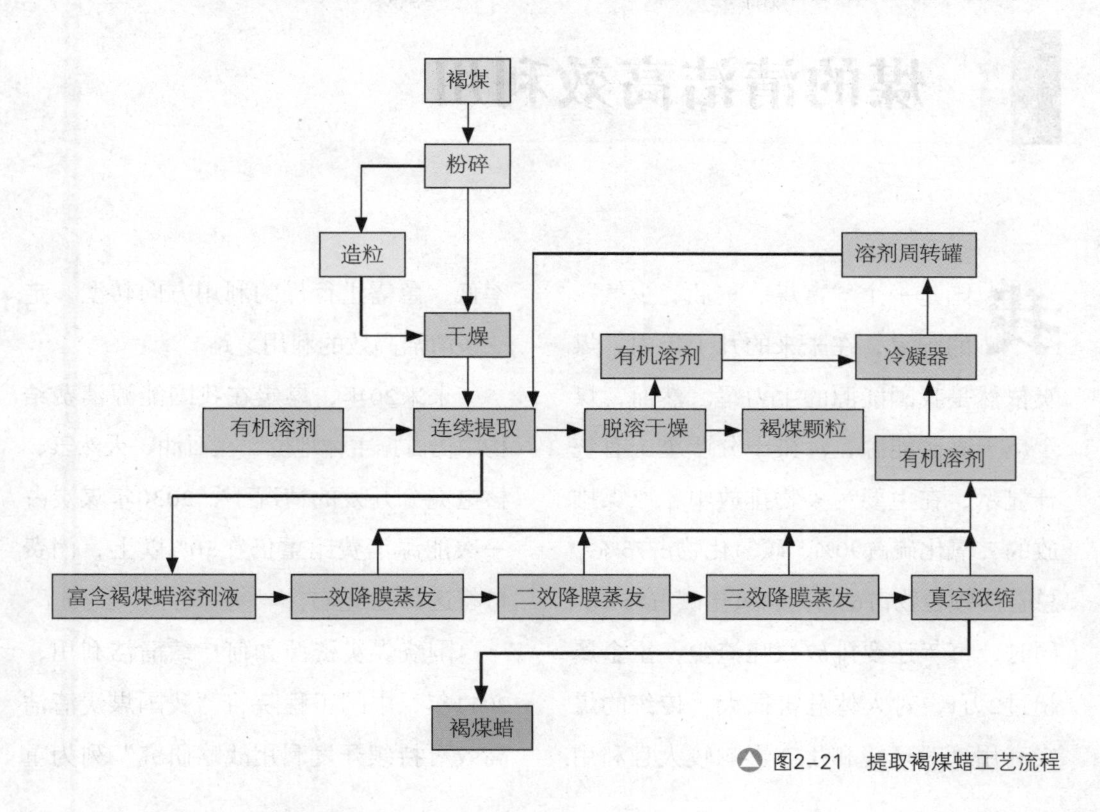

图2-21 提取褐煤蜡工艺流程

图2-22 煤制工艺品

煤的清洁高效利用

我国是一个“富煤、贫油、少气”的国家，在未来的几十年内，煤炭依然是我国能源的主力军。然而，煤炭属于高碳能源，污染十分严重。有统计显示，在主要污染物排放中，燃煤排放的二氧化硫占90%，碳氧化物占75%，总悬浮颗粒物占60%，二氧化碳占75%。同时，每年还要排放数吨渣尘，重金属超过2万t，对人体危害很大。传统的煤炭利用，对环境和生态影响较大且利用率低，急需进行煤的利用方向转型，走一条清洁高效的利用之路。

未来20年，煤炭在我国能源消费结构中仍占据主体地位，在石油、天然气、核电充分开发的情况下，2030年煤炭占一次能源消费比重仍在50%以上，消费量将达45亿t左右。

围绕煤炭资源如何持续清洁利用，2011年，中国工程院将“我国煤炭清洁高效可持续开发利用战略研究”列为重

——地学知识窗——

干燥基成分

煤在不同条件下能够吸收空气中的水分从而影响到煤的灰分产率（煤燃烧后的残渣），这严重影响煤的工业价值和市场价格。因此，评价煤的工业价值时，需要把煤中水分变化的因素排除。煤除去水分以外的其他含量为工作成分的整体，称为干燥基成分。

大咨询项目，根据煤炭行业发展中的重大问题，设立了资源、开采、输运、燃烧、减排等10个课题。煤的清洁高效利用是解决环境问题和能源危机的唯一出路，必须加快推进煤炭产业发展向清洁高效方向转变。

煤的清洁高效利用是一项以煤为源头，通过气化、液化、碳合成等先进工艺手段，将能源转化与化工产品合成相结合的技术体系（图2-23），主要产品为化学品、煤基氢气、煤基代用液体燃料以及整体煤气化联合循环技术（IGCC）发电，将有效降低污染物低排放，提高二氧化碳捕捉与处理效率，从而实现资源的综合利用和能源有效利用。这是未来煤化工产业化清洁发展的主要方向。

整体煤气化联合循环发电技术（IGCC），是一种把燃气—蒸汽联合循环发电系统与煤气化技术联合起来的洁净

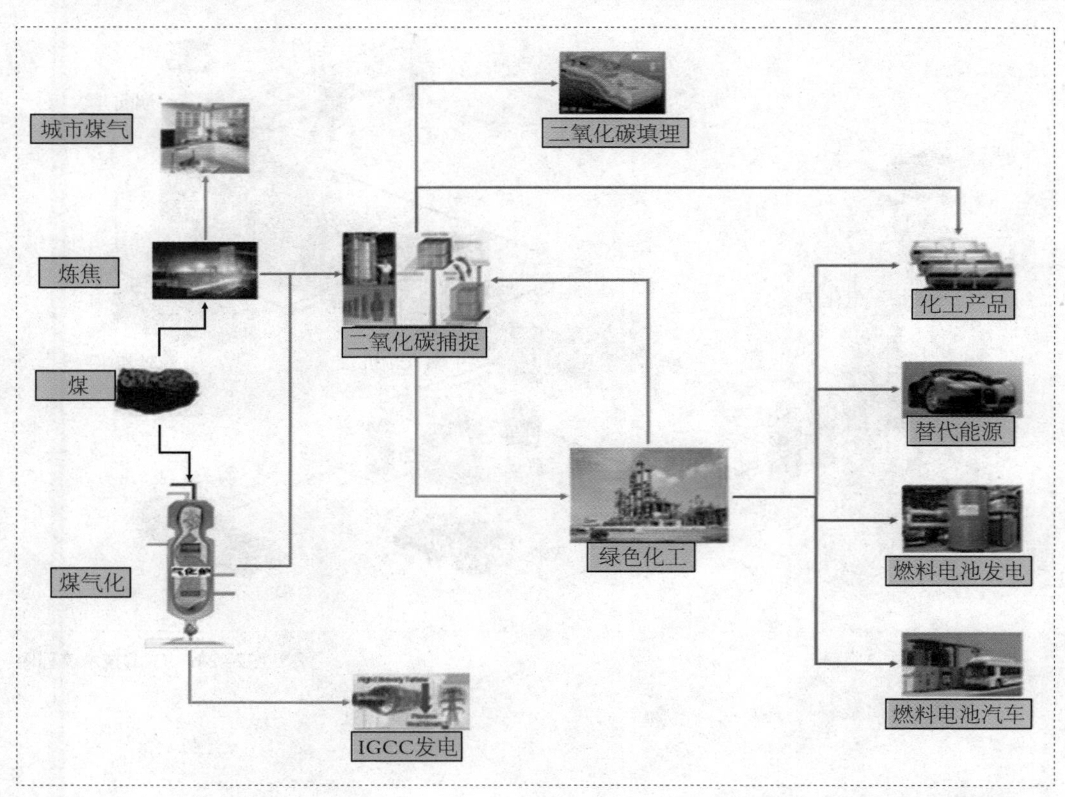

图2-23　煤的清洁高效利用技术

煤发电技术（图2-24）。IGCC的发电效率高，目前可达到43%～45%，提升潜力大，未来有希望提高到50%～60%；污染物脱除率高，98%以上的污染物可以被脱除，污染物排放仅为常规燃煤电站的$\frac{1}{10}$；耗水量低，只有常规电站的$\frac{1}{2}$～$\frac{1}{3}$。IGCC技术是未来洁净煤电最有前景的技术之一。

从目前看，煤炭清洁高效转化离不开现代煤化工技术。现代煤化工与传统的煤化工路线不同，它以煤热解、气化为基础，以一碳化学为主线，合成各种替代液体燃料及化工产品，如天然气、甲醇、二甲醚、合成油、烯烃、精细化学品等，替代问题如果解决得好，石油、天然气对外依存度就不至于太高。这也是我国煤炭利用的重要方向。

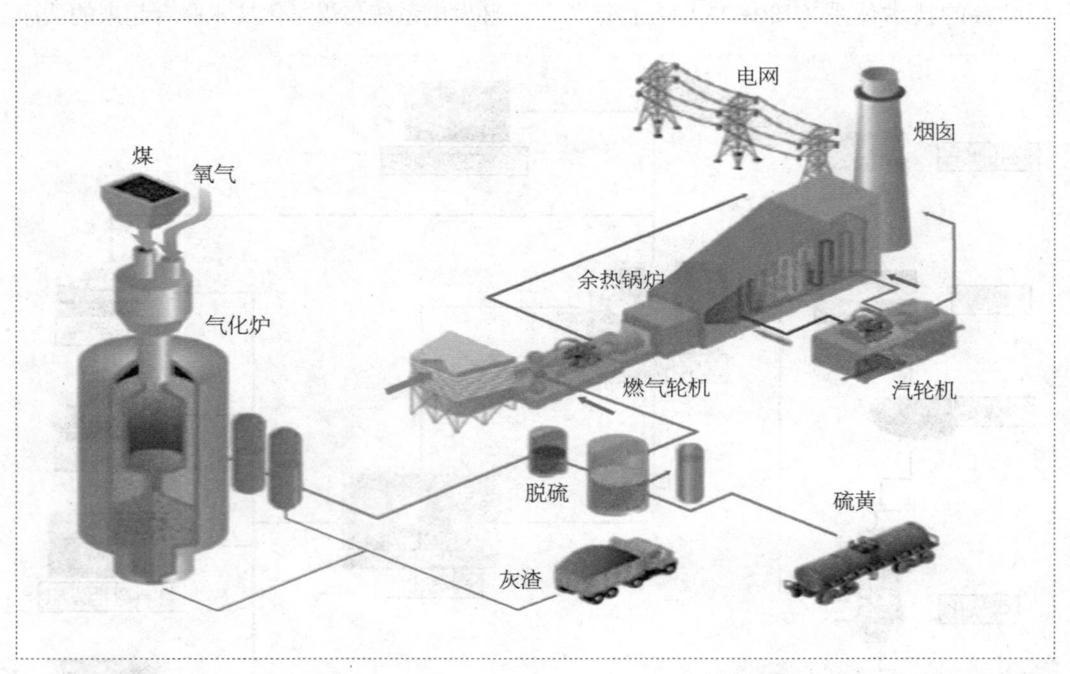

图2-24　IGCC技术流程图

Part 3 煤炭成因探秘

在古代的某个时期，气候温暖湿润、植物大量繁盛、构造较为稳定，且具有适宜植物死亡后堆积和埋藏的环境时，植物死亡后便逐渐演变成了煤。研究发现，在地球演化过程中有三个较长的时期最有利于成煤，这三个时期中形成了世界上绝大多数的煤炭。

煤的形成是一个极为复杂的过程。植物死亡后，植物残体一部分被细菌分解，剩余的部分被逐渐埋在地下深处，随着埋深增大，温度和压力不断增高，植物残体发生了一系列的生物变化、物理变化和化学变化，先后经历了压实、成岩和变质作用，最终形成了各种各样的煤。

全球主要成煤期

地球自形成演化至今，经历了漫长的岁月。人们为了研究地球发展历史，采用岩石学、古生物学、同位素年龄测定等方法，确定地球历史上各个事件发生的顺序，按照从古到今的顺序排列，划分为太古宙、元古宙（古元古代、中元古代、新元古代）、显生宙（古生代、中生代、新生代）（表3-1）。随着地质历史演化的进程，地层和构造活动不断演化，期间形成了各种各样的矿产资源。地质学家通过研究，总结出世界范围内存在三个重要的成煤期。

——地学知识窗——

同位素年龄测定

任何岩石都有形成年龄。如何测定出岩石年龄呢？科学家发现了一个重要的方法，原理就是利用放射性同位素衰变定律，即：矿物、岩石结晶时，各种放射性同位素以不同形式进入其中后，它们在矿物、岩石中的含量随着时间指数衰减，与此同时，放射成因子体不断积累。在矿物、岩石自形成以来一直保持化学封闭，即体系中没有发生母、子体与外界物质的交换，没有带进和带出的条件下，通过测定如今矿物、岩石中母体及对应子体的含量，根据衰变定律就能得到矿物、岩石的同位素地质年龄。

表3-1　　地球演化历史简表

代（Era）	纪（Period）	距今时间（Ma）	主要生物事件或代表化石：动物界（Animalia）		主要生物事件或代表化石：植物界（Plantae）	
新生代 Cenozoic	第四纪（Quaternary）	2.59	人类出现	哺乳类时代		被子植物时代
新生代 Cenozoic	第三纪 近新纪 Neogene	23.03		哺乳类时代		被子植物时代
新生代 Cenozoic	第三纪 古新纪 Paleogene	65.50	恐龙大灭绝	哺乳类时代		被子植物时代
中生代 Mesozoic	白垩纪 Cretaceous	141.5		爬行类时代（恐龙时代）		被子植物时代
中生代 Mesozoic	侏罗纪	199.6	原始鸟类出现	爬行类时代（恐龙时代）	被子植物出现	裸子植物时代
中生代 Mesozoic	三叠纪 Triassic	252.17	哺乳动物出现	爬行类时代（恐龙时代）		裸子植物时代
古生代 Paleozoic 晚古生代 L	二叠纪 Permian	299		两栖类时代		裸子植物时代
古生代 Paleozoic 晚古生代 L	石炭纪 Carboniferous	359.6	爬行动物出现	两栖类时代		蕨类时代
古生代 Paleozoic 晚古生代 L	泥盆纪 Permian	416.0	陆生四足动物出现	两栖类时代	种子植物出现	蕨类时代
古生代 Paleozoic 早古生代 E	志留记 Devonian	443.8		鱼类时代		裸蕨类时代
古生代 Paleozoic 早古生代 E	奥陶纪 Ordovician	485.4	原始鱼出现	鱼类时代	陆生维管植物出现	裸蕨类时代
古生代 Paleozoic 早古生代 E	寒武纪 Cambrian	541.0	寒武纪大爆发			藻类时代
新元古代 Neoproterozoic	末元古纪 Neoproterozoic Ⅲ	635	埃迪卡拉生物群		多细胞藻类大发展	藻类时代
新元古代 Neoproterozoic	成冰纪 Cryogenian	780	动物出现			藻类时代
新元古代 Neoproterozoic	拉伸纪 Tonian	1 000				藻类时代
中元古代 Mesoproterozoic		1 800	叠层石繁盛			藻类时代
古元古代 Paleoproterozoic		2 500	真核生物出现			藻类时代
太古宙 Archean		3 900	原始生命出现			藻类时代
冥古宙 Hadean		4 500	地球形成			藻类时代

据《山东矿床》修改补充，2006。

第一成煤期

自晚泥盆世至早二叠世（372~227 Ma）。这是高等植物发育、发展和演化的最重要的时期，以石松类、节蕨类、真蕨类、古羊齿类、种子蕨类及科达类等蕨类和古裸子植物为主（图3-1、图3-2）。这个时期的气候条件是温暖、潮湿，适合植物生长，在全球范围内比较一致。典型的植物是高大的乔木，高度达30 m以上。石松类植物如鳞木、封印木等，节蕨类植物如芦木等，种子蕨类植物如科达等，处于发育的鼎盛时期。这个时期是全世界最重要的聚煤期，地势比较平坦，植物繁盛，聚煤作用强，为第一大聚煤时期。

图3-1　第一成煤期的真蕨、种子蕨

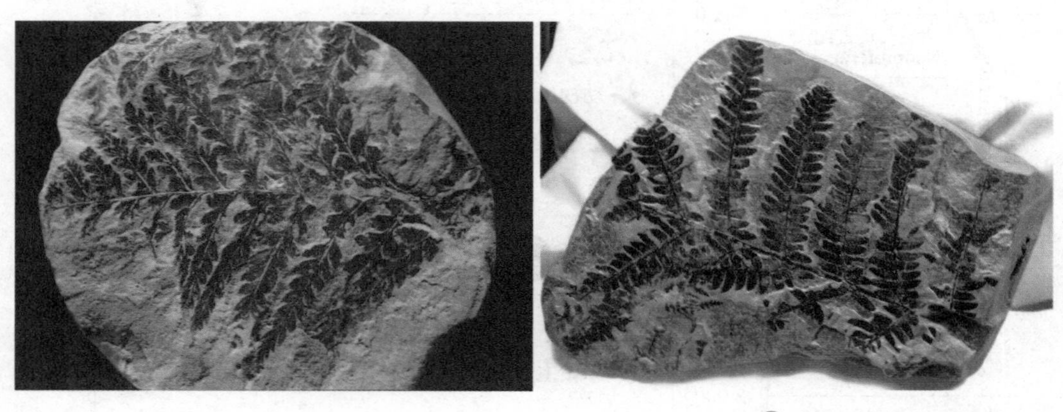

图3-2　真蕨、种子蕨化石

第二成煤期

自侏罗纪至早白垩世（205~96 Ma）。高等植物演化又进入一个非常重要的时期，是裸子植物最为繁盛的时代。由于海西运动（晚古生代的构造运动）和印支运动（晚二叠世至三叠纪的构造运动）的影响，陆地面积扩大，地形高差分化明显，气候也随之发生变化，地球上的干旱气候带扩大，石炭纪至二叠纪的植物群逐渐衰落，由蕨类植物（图3-3）演化为到裸子植物繁盛时期（图3-4、图3-5）。该时期被认为是第二个重要的聚煤期。

图3-3　第二成煤期的苏铁及蕨类植物

图3-4　第二成煤期的银杏类植物

第三成煤期

自晚白垩世至新近纪（6~2.6 Ma）。高等植物演化进入高

图3-5　裸子植物化石

级发展的重要阶段——被子植物时代（图3-6、图3-7）。这个时期构造活动更加强烈，气候分带也更加明显，为第三个重要的聚煤时期。

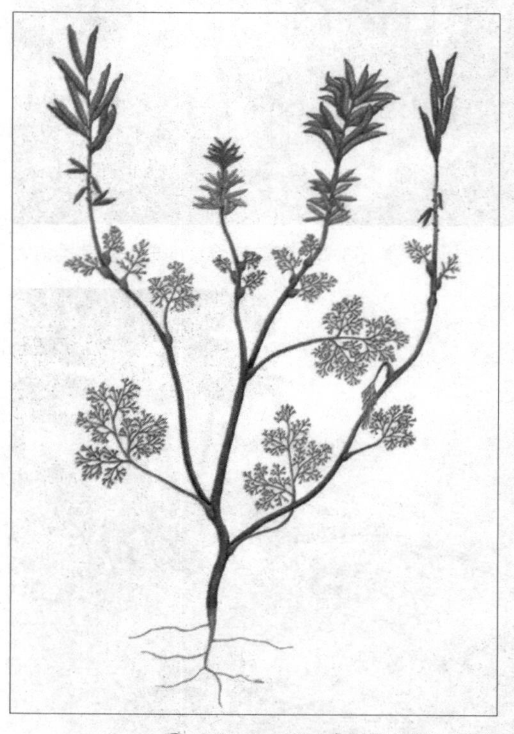

图3-6　第三成煤期的被子植物

图3-7　被子植物化石

成煤过程

成煤过程是指成煤植物在泥炭沼泽中持续地生长和死亡，其残骸不断堆积，经过长期而复杂的生物化学、地球化学、物理化学作用和地质化学作用逐渐演化成（腐泥）泥炭、（腐泥）褐煤、（腐泥）烟煤和（腐泥）无烟煤的过程。

成煤植物的演化

煤主要是由植物形成的，“煤的植物成因”观点虽然早在18世纪初就被提出，但直到19世纪30年代，随着显微镜技术的广泛应用（图3-8），在显微镜下发现了煤中植物残骸的细胞结构（图3-9）后才得到公认。

随着地球历史的演化，植物从低等植物进化到高等植物（图3-10），各类

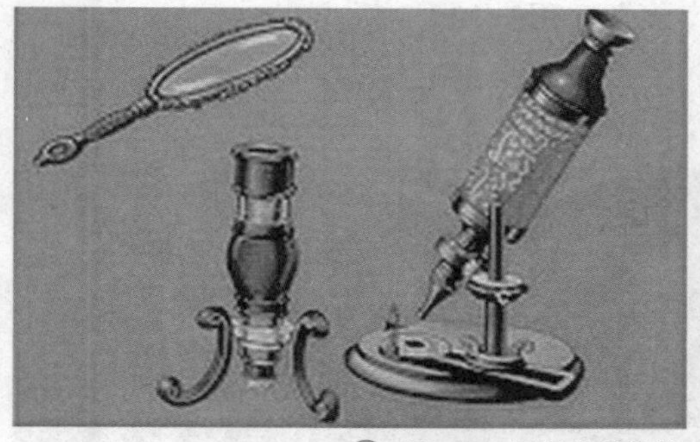

图3-8　早期的显微镜

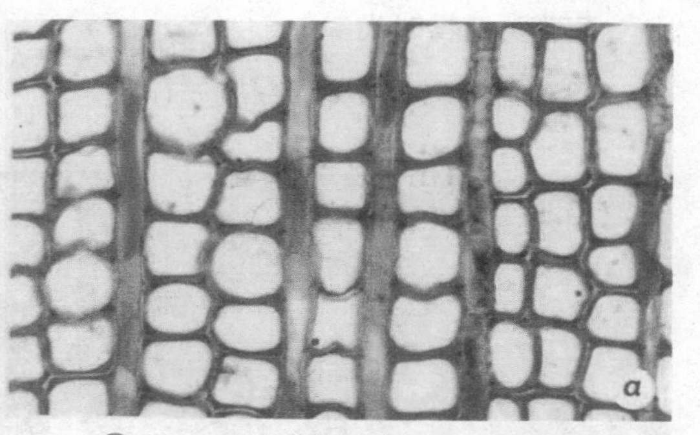

图3-9　显微镜下煤中植物残骸的细胞结构

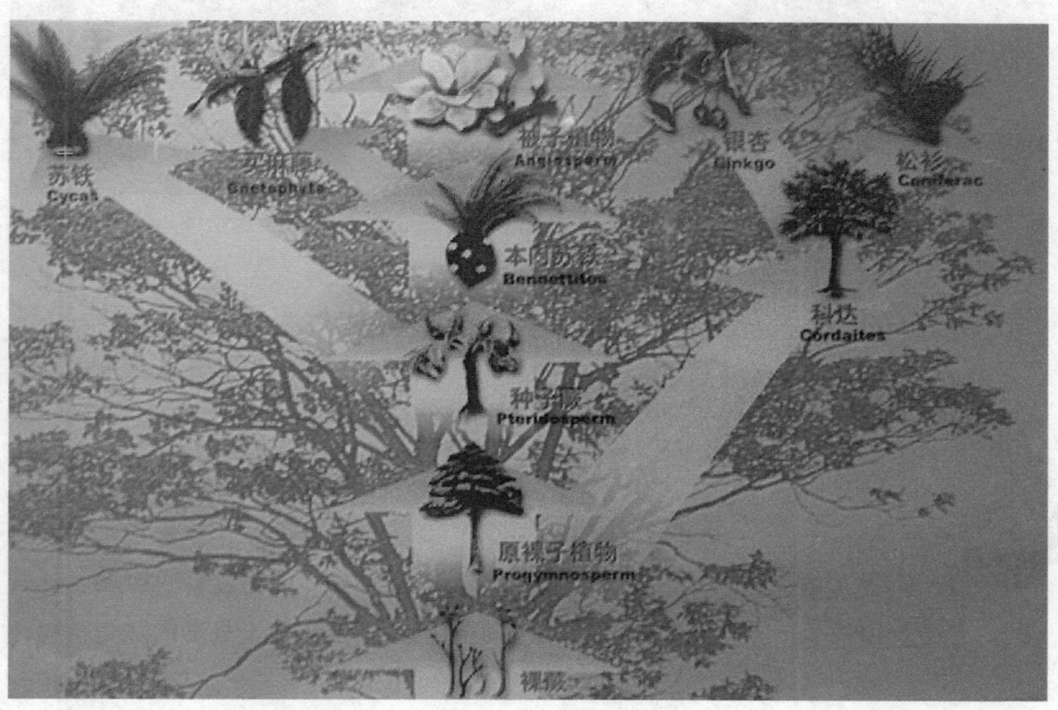

图3-10　植物演化历程

植物的兴、盛、衰、亡也影响着不同地质时期成煤物质组成和煤的特性。植物进化与成煤作用具有密切关系，没有植物的发育，地质历史中就不可能有聚煤作用的发生。

菌藻类植物时代

早泥盆世以前为低等植物（菌类、藻类）发育时代（图3-11），那时还没有高等植物出现，没有大规模的聚煤作用。低等植物经过一系列复杂变化形成的煤，灰分很高，发热量较低，称为“石煤”，如我国南方寒武纪的“石煤”（图3-12）。

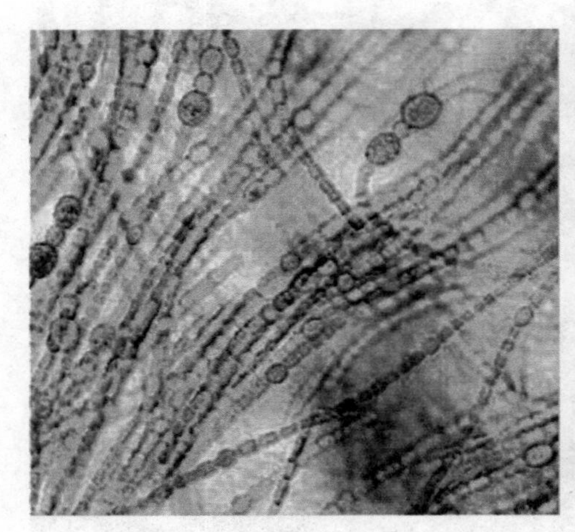

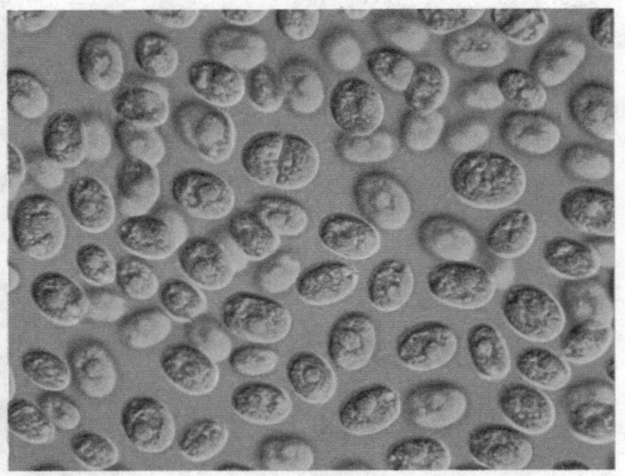

图3-11　古代菌藻类植物

图3-12　寒武纪的石煤

裸蕨植物时代

晚志留世至早中泥盆世是世界上最早出现陆生植物的时代。植物经过漫长的发展演化，逐步从水生转为陆地生长。植物由水生到陆生的转化过程，是植物由低等向高等发展的重要转折时期。裸蕨类植物是地质历史上最早的陆生植物，其高度不足1 m，还没有真正的叶、根之分，只在地下有一种假根。因此，裸蕨植

图3-13　裸蕨类植物

图3-14　孢子植物蕨类

图3-15　裸子植物种子蕨

物仍然是比较低等的植物（图3-13）。

蕨类、种子蕨类植物时代

晚泥盆世至晚二叠世是高等植物发育最重要的时期，以孢子植物蕨类和裸子植物的种子蕨为主（图3-14、图3-15）。在我国，石炭纪至二叠纪是最早和最重要的聚煤时期，形成了分布广泛的聚煤盆地和含煤地层，特别是我国华北和华南地区，如鄂尔多斯盆地、华北盆地、华南盆地等，都是大型的石炭纪至二叠纪聚煤盆地；我国著名的石炭纪至二叠纪煤田有大同、开滦、本溪、淮北、豫西和水城等。

裸子植物时代

自晚二叠世至中生代，是植物演化又一个非常重要的时代，该时期裸子植物最为繁盛（图3-16）。在我国，侏罗纪是最为重要的聚煤时期，该时期形成的煤炭资源主要分布在我国西部地区的新疆北部、甘肃中部至青海北部、陕甘宁盆地和晋北燕山等地区，煤炭储量占我国煤炭总储量的60%左右。早白垩世重要的煤田有鸡西、双鸭山、阜新、铁法和元宝山等。

被子植物时代

古近纪、新近纪是植物进入到高级发展的重要阶段——被子植物时代(图3-17)。

△ 图3-16　古代裸子植物

△ 图3-17　古代被子植物

这个时期的构造活动更加强烈，气候分带也更加明显。我国该时期的煤炭主要分布在东北的黑龙江、吉林和西南部的云南、广西地区。我国古近纪、新近纪重要煤田有抚顺、沈北、梅河、龙口、昭通、小龙潭和台湾等煤田。

成煤植物的组成

植物主要是由有机物质构成的，含有少量的无机物质。不论是低等植物还是高等植物，有机物质都主要是由碳水化合物（包括纤维素、半纤维素和果胶质等）、木质素、蛋白质和脂类化合物等组成（表3-2）。

低等植物主要由蛋白质和碳水化合物组成，脂肪含量比较高；高等植物的组成则以纤维素、半纤维素和木质素为主。植物的角质膜、木栓层、孢子和花粉则含有大量的脂类化合物。植物有机组成的差别，直接影响到它的分解和转化，影响到煤的性质和利用。

碳水化合物

包括纤维素、半纤维素和果胶质等，其中纤维素是构成植物细胞壁的主

表3-2　植物的主要有机组分百分含量

植物		碳水化合物	木质素	蛋白质	脂类化合物
细菌		12～28	0	50～80	5～20
绿藻		30～40	0	40～50	10～20
苔藓		30～50	10	15～20	8～10
蕨类		50～60	20～30	10～15	3～5
草类		50～70	20～30	5～10	5～10
松柏及阔叶树		60～70	20～30	1～7	1～3
木本植物的不同部分	木质部	60～75	20～30	1	2～3
	叶	65	20	8	5～8
	木栓	60	10	2	25～30
	孢粉质	5	0	5	90
	原生质	20	0	70	10

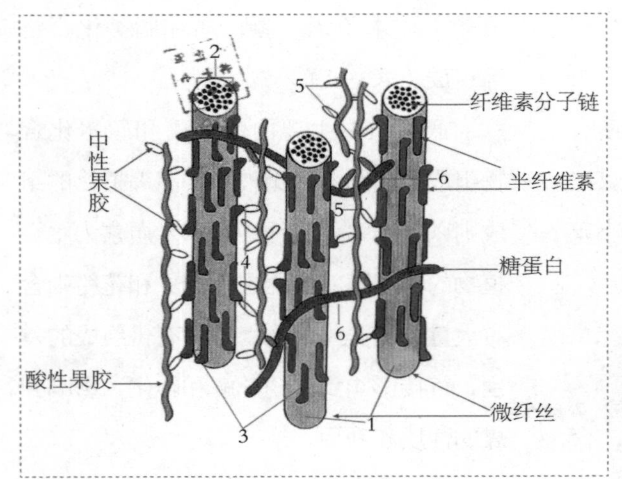

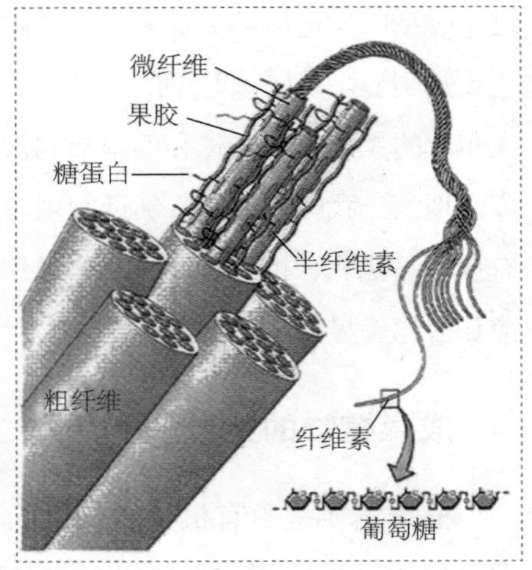

图3-18　植物中的碳水化合物

要成分（图3-18）。纤维素在活的植物中非常稳定，但当植物死亡后，纤维素在氧化条件下容易被细菌等分解成CO_2、CH_4和水；在泥炭沼泽的酸性介质中，纤维素可分解为纤维二糖和葡萄糖等。半纤维素及果胶质的化学组成和性质与纤维素相近，但比纤维素更易分解为糖类和酸。

木质素

也是植物细胞壁的主要成分，常分布于植物机械组织的细胞壁中，它能增强坚固性，起支持作用。木本植物的木质素含量高，针叶树的木质部中木质素含量比阔叶树多。木质素比纤维素稳定，不易分解。植物死亡后容易被氧化为芳香酸和脂肪酸。在泥炭沼泽水中，由于水和微生物的作用，木质素发生分解，并和其他化合物生成与腐殖酸相似的物质。因此，它是煤的原始物质中重要的有机组分。

蛋白质

植物体内的蛋白质含量不大，但却是构成植物细胞原生质的主要物质，在植物生存过程中起着重要作用。植物死亡后，如果氧化条件充分，蛋白质可全部分解为气态产物而逸散掉；在泥炭沼泽和湖沼水中，蛋白质可分解并转变为氨基酸、卟啉等含氮化合物，参与成煤作用，煤中的氮、硫可能与成煤植物的蛋白质有关。

脂类化合物

脂类化合物主要指不溶于水，而溶于醚、苯、氯仿等有机质溶剂的有机化合物，如脂肪、蜡质、树脂、角质、木栓质、孢粉质等有机质，此外，还有鞣质、色素等成分。低等植物含脂肪多，从泥炭、褐煤中提炼出的沥青内可发现脂肪酸。蜡质多呈薄膜覆盖于茎、叶和果实的表皮上，一般在泥炭、褐煤中常见。树脂是植物分泌组织在生长过程中分泌的物质，具有保护作用，化学性质极稳定，不溶于有机酸，微生物及昆虫都不能破坏它，可以完好地保存于煤中。角质与木栓质都是植物保护组织产生的物质，它们形成的植物组织常保存于煤中。孢粉质则是构成植物孢子与花粉外壁的主要有机组分，化学性质稳定，能耐一定的温度和酸、碱，不溶于有机溶液，古生代煤中常保存有大量孢子。

植物体有机物、无机物中的元素众多，它们的存在不仅直接影响植物体的生存和演化，而且也影响植物遗体转化、煤的特征和煤的加工利用，以及加工利用中带来的环境污染。构成植物有机质的元素种类少，但含量高，主要有碳（C）、氢（H）、氧（O）、氮（N）、硫（S）等5种元素。

植物残体的堆积方式

成煤植物的残骸堆积于植物繁衍生存的泥炭沼泽内，在原地分解形成泥炭并最终变成煤层（图3-19），这个成煤过程称为“原地堆积成煤”。

成煤植物死亡后，植物残骸在流水等作用下经过长距离的搬运后，再在浅水盆地、潟湖、三角洲地带堆积并转变为泥炭，并最终演化成煤层，这个成煤过程称

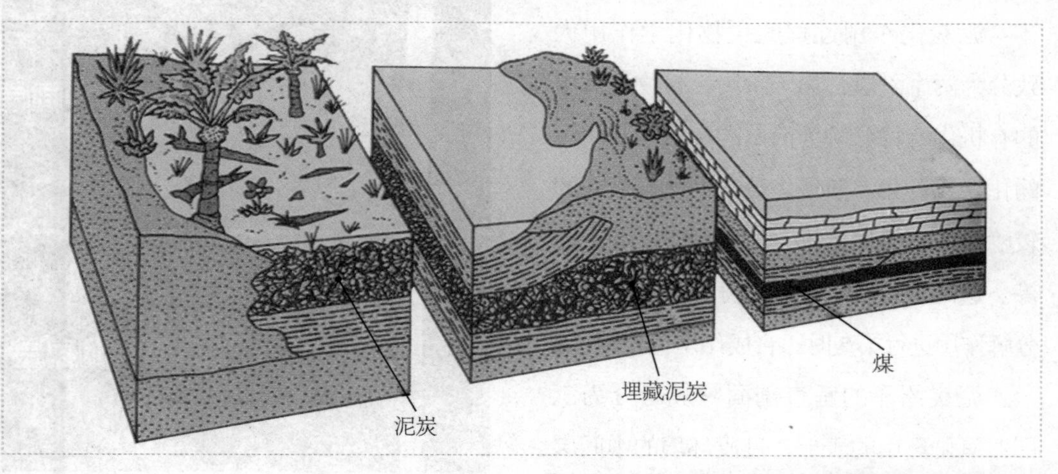

图3-19　泥炭沼泽中堆积泥炭并最终成煤示意图

为“异地堆积成煤”。我国一些山间盆地、山前冲积扇缘洼地、河漫滩洼地的全新世沉积中，都曾见有异地堆积形成的煤层（图3-20）。

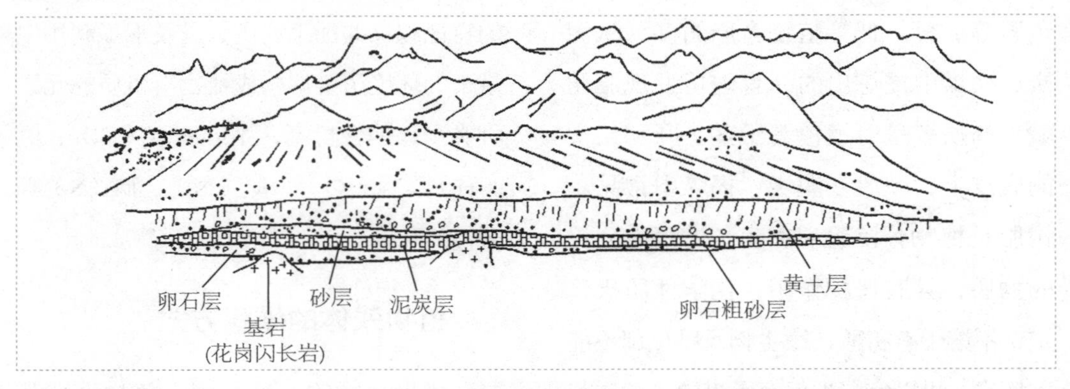

图3-20 异地生成泥炭层剖面（据《煤田地质学》，1993）

成煤第一阶段——泥炭化作用阶段

泥炭化作用

高等植物死亡以后，通过一系列生物化学作用变成泥炭的过程，称为泥炭化作用。

泥炭化作用过程的生物化学作用大致分为两个阶段：第一阶段，植物遗体中的有机化合物分解为简单的化学性质活泼的化合物；第二阶段，分解产物合成新的较稳定的有机化合物，如腐殖酸、沥青质等。这两个阶段不是截然分开的，在植物分解作用进行不久时，合成作用也开始了。

泥炭沼泽的垂直剖面一般可分为三层：氧化环境的表层、过渡环境的中间层及还原环境的底层（图3-21）。泥炭沼

图3-21 泥炭沼泽垂直剖面分带

泽表层空气流通快、温度较高，又有大量有机质，有利于微生物的生存、分解和生成泥炭。在1 g泥炭中含有几百万个到几亿个微生物，如在低位泥炭沼泽的表层就含有大量需氧性细菌、放线菌及真菌，而厌氧性细菌数量较少（图3–22）。随着深度的增加，需氧性细菌、真菌和放线菌的数目减少，厌氧性细菌活跃。在微生物的活动过程中，植物有机组分一部分成为微生物的食料，一部分则被加工成为新的化合物。

——地学知识窗——

泥 炭

高等植物死亡后遗体保存在盆地之中且经过很长时间所形成的天然沼泽地产物（又称草炭或是泥煤），同时也是成煤的最原始状态，无菌、无毒、无污染，通气性能好，质轻、持水、保肥，有利于微生物活动，增强生物性能，营养丰富，既是栽培基质，又是良好的土壤调节剂，并含有很高的有机质、腐殖酸及营养成分。

在各种类微生物中，需氧性细菌中的无芽孢杆菌（图3–22e）具有强烈分解蛋白质的能力，在植物遗体分解初期占优势。某些真菌能分解糖类、淀粉、纤维素、木质素和单宁等有机物质，在我国滨海红树林沼泽中就有很多真菌（图3–22b）。不少放线菌及芽孢杆菌（图3–22a、f）可以分解纤维素、木质素、单宁及较难分解的腐殖质。

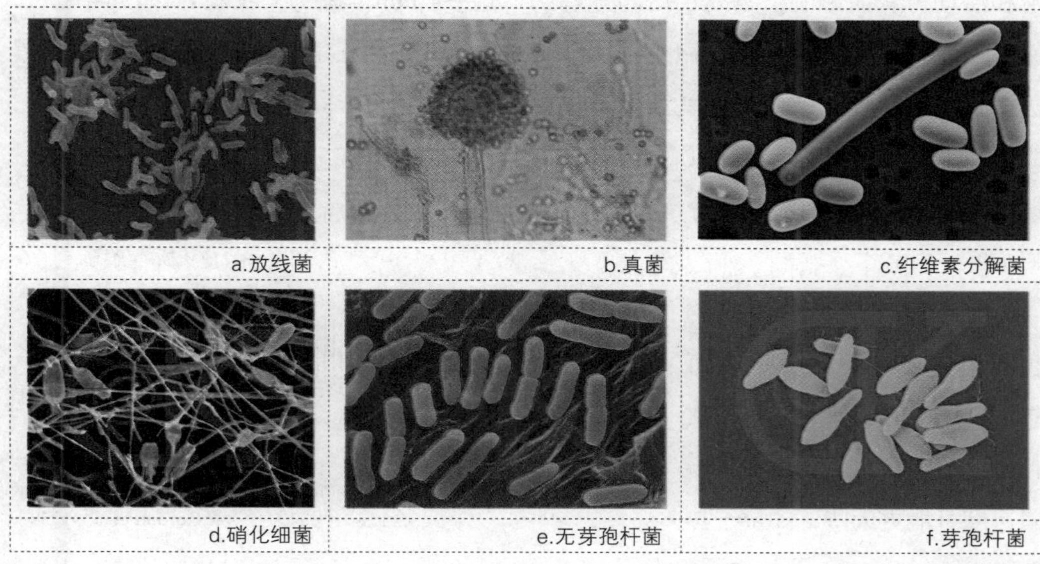

图3–22 泥炭沼泽中常见的菌

泥炭的积累速度

泥炭的积累速度与大气和土壤的温度密切相关。首先，温度影响植物的生长速度和生长量。我国华南亚热带森林的枯枝落叶层每年每公顷达24~35 t，而小兴安岭寒温带则为几吨到十几吨。热带雨林每年每平方米的有机质产量为3250 g，温带沼泽的芦苇为2 900 g，温带橡树林为900 g，而寒温带苔藓沼泽的苔藓仅340 g（图3−23）。可见，在温度较高的条件下，植物增长较快，为泥炭的积累提供了先决条件。

图3−23　热带雨林沼泽（左）和寒带苔藓沼泽（右）

另一方面，温度也影响微生物的繁殖和活动，从而影响植物死亡后的分解速度。在寒冷气候条件下，微生物活动极弱，植物遗体分解缓慢；在温度适宜的条件下，微生物非常活跃且繁殖快，利于植物有机质的分解（图3−24）。

现代泥炭沼泽中泥炭的积累速度各地不同，大多每年0.5~2.2 mm，平均每年积累1 mm左右。有些地区，泥炭积累速度可能更大些，如位于热带地区的加里曼丹森林沼泽每年泥炭积累达3~4 mm（据H. J. 安德森，1964年），密西西比河三角洲全新世埋藏泥炭的积累速度可达每年5.5~6.4 mm。

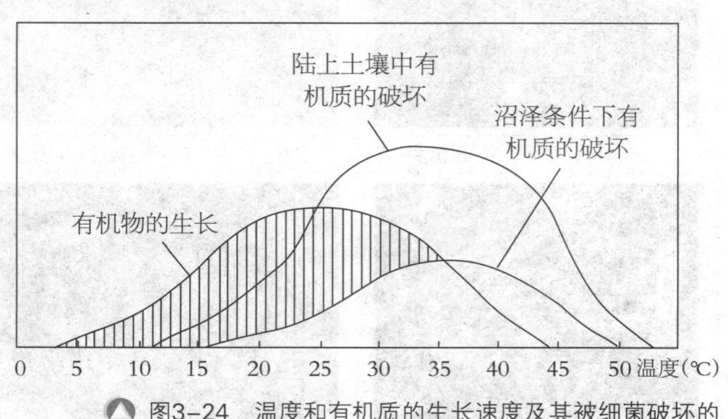

图3−24　温度和有机质的生长速度及其被细菌破坏的速度之间的关系（据Gordon et al，1958）

成煤第二阶段——煤化作用阶段

泥炭形成后，由于盆地沉降而被埋藏于地下深处，在温度、压力等物理、化学作用下，泥炭逐渐形成褐煤、烟煤、无烟煤，该过程的一系列作用称为煤化作用（图3-25、图3-26）。对于腐泥来说，则经历了硬腐泥、腐泥褐煤、腐泥亚烟煤、腐泥烟煤到腐泥无烟煤的煤化作用。

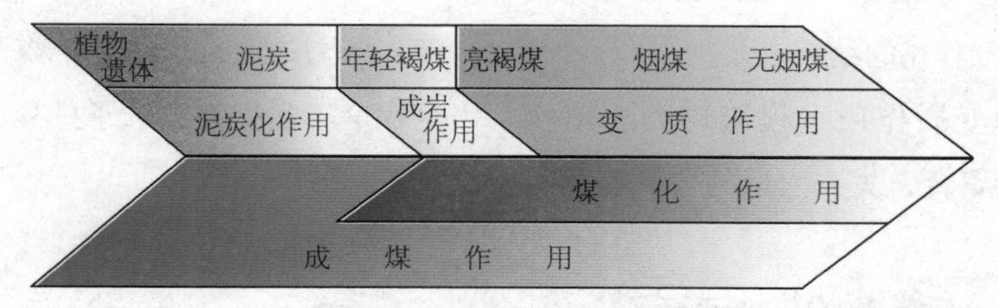

图3-25 成煤作用的阶段划分（李增学等，2010）

图3-26 几种常见的煤（变质程度逐渐增高）

泥炭向褐煤的转变，是泥炭在地下深处受到压力和温度作用逐渐压实、固结、成岩的过程，是煤成岩作用的结果；而从褐煤形成以后，在温度、压力作用下逐渐演变成不同变质程度的煤，则是煤变质作用的结果。

煤的变质作用过程表现为腐殖物质进一步聚合，失去大量的含氧官能团（如羧基—COOH和甲氧基—OCH_3），腐殖酸进一步减少，腐殖物质由酸性变为中性，出现了更多的腐殖复合物。该阶段，植物残体已不存在，稳定组分发生沥青化作用，并开始具有微弱的光泽。在温度、压力的继续作用下，煤分子的芳香化程度不断提高，分子排列逐渐规则化（图3-27）。

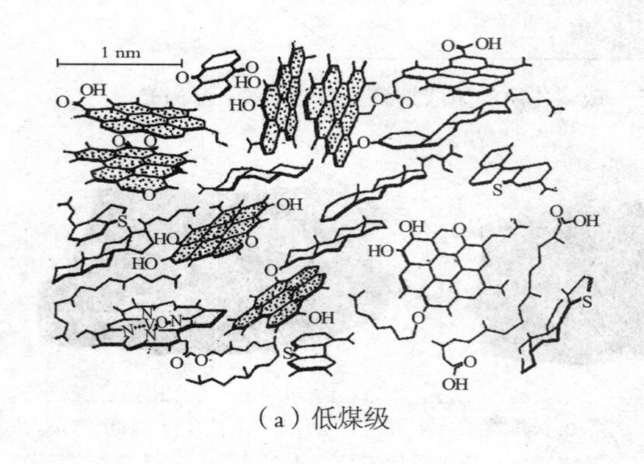

（a）低煤级

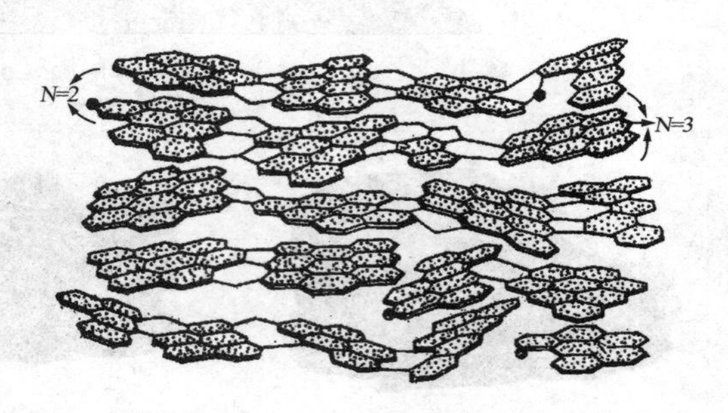

（b）高煤级

图3-27　低煤级及高煤级分子结构模式

Part 4 世界煤炭资源掠影

世界上煤炭资源分布很广，有煤层发育的地层面积约占全球陆地总面积的15%；且北半球多于南半球，尤其集中在北半球的中温带和亚寒带地区。从地球演化史来看，煤炭资源主要集中在石炭纪、二叠纪、侏罗纪、白垩纪、古近纪至新近纪等5个时期。

煤炭资源在世界的分布又是不均匀的，主要分布在亚洲、欧洲和北美洲，其中亚洲占世界煤炭资源储量的60%。就各国而言，煤炭储量以美国居首，俄罗斯次之，中国居第三。

全球100多个国家有煤炭资源赋存。煤炭产量中国居首位，之后依次为美国、印度、澳大利亚、俄罗斯、南非、德国、波兰、乌克兰、印度尼西亚、加拿大。

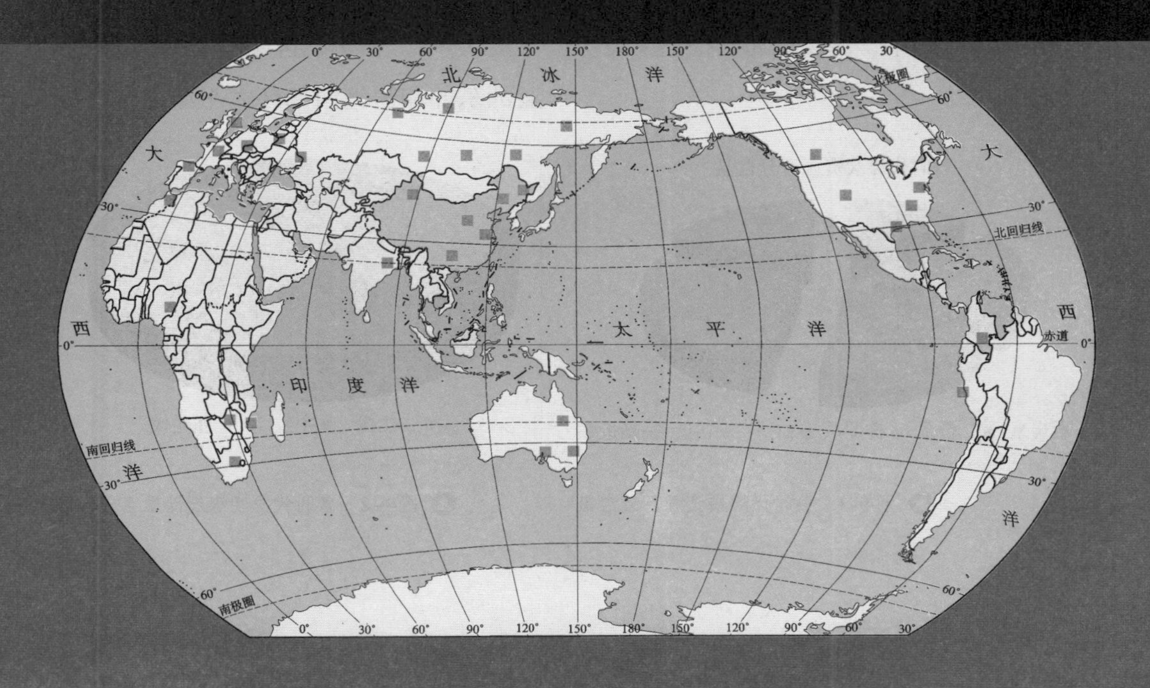

世界煤炭资源分布

煤炭在各地质时代的分布

著名地质学家A. N. 叶戈罗夫等研究指出，煤炭资源集中分布在石炭系（20.5%）、二叠系（26.8%）、侏罗系（16.3%）、白垩系（20.5%）、古近系—新近系（15.8%）（图4-1）。从世界上已探明的煤炭储量的地质时代分布来看，古生代煤炭储量最多，占总储量的51.2%；中生代次之，占25.2%；新生代占23.6%（图4-2）。其中，泥盆纪和三叠纪聚集的煤炭很少。

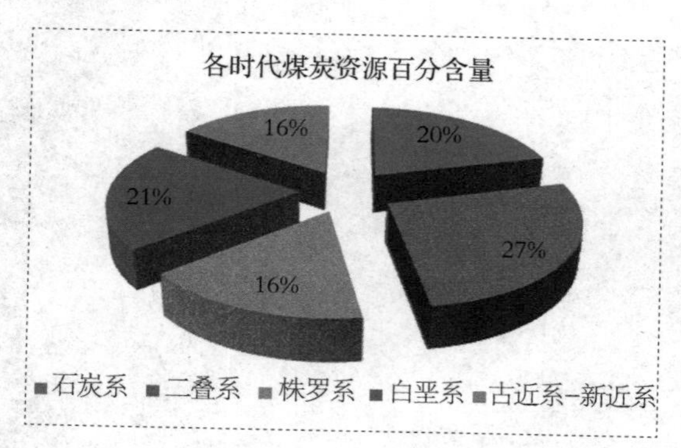

图4-1　各时代煤炭资源百分含量

石炭纪含煤地层主要分布在欧洲、亚洲和北美洲东部，占该时期全球煤炭资源总地质资源量的99%。二叠纪含煤地层主要分布在亚洲，在非洲和澳大利亚有少量分布，这些地区分别占该时期煤炭资源总地质资源量的86%、5.8%和1.8%。三叠纪含煤地层主要分布在非洲和澳大利亚，分别集中了该时期煤炭资源总地质资源量的72%和83%。侏罗纪含煤地层主要发育在亚洲，集中了该时期煤炭资源总地质资源量的99%。白垩纪含煤地层主要分布在亚洲东部和美洲西部环太平洋地带，这

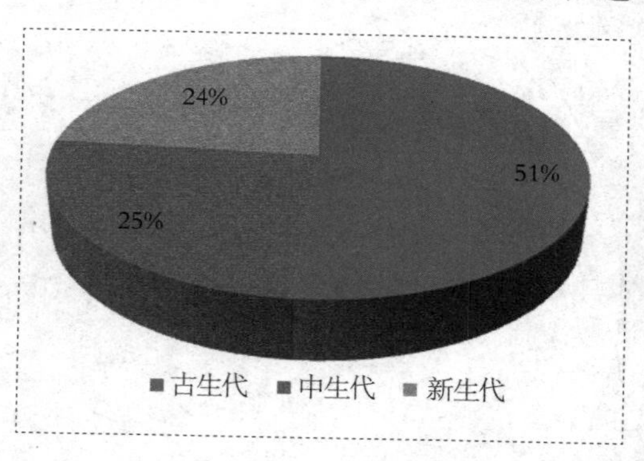

图4-2　各时代探明煤炭储量百分含量

里集中了全世界白垩纪煤炭资源总地质资源量的99%。

煤炭在不同类型含煤盆地的分布

世界上约90%的含煤地层分布在稳定的坳陷盆地（一种由构造挤压作用导致地层下凹形成的盆地），仅10%分布在不稳定的断陷盆地（由断层导致地层下降形成的盆地）。而煤炭资源总地质资源量的60%分布在稳定坳陷盆地，40%分布在断陷盆地内。

古生代的煤主要发育在稳定的坳陷盆地；中生代的煤主要发育在大型坳陷盆地，断陷盆地内也有发育；新生代的煤则主要分布在断陷盆地内。世界有工业开采价值的煤炭资源大都分布在稳定坳陷盆地内。

大部分稳定坳陷盆地内主要赋存变质程度中等或高的煤（烟煤和无烟煤），呈薄至中厚煤层，蕴藏在垂深10 km以内，主要为井巷开采。不稳定的断陷盆地内主要赋存褐煤，煤层埋藏深度不大，但煤层厚度较大，为中厚至特厚，主要适于露天开采。

世界煤炭资源的地理分布是很广泛的，遍及各大洲的许多地区，但又是不均衡的（图4–3）。总的来说，北半球多于南半球，尤其集中在北半球的中温带和亚

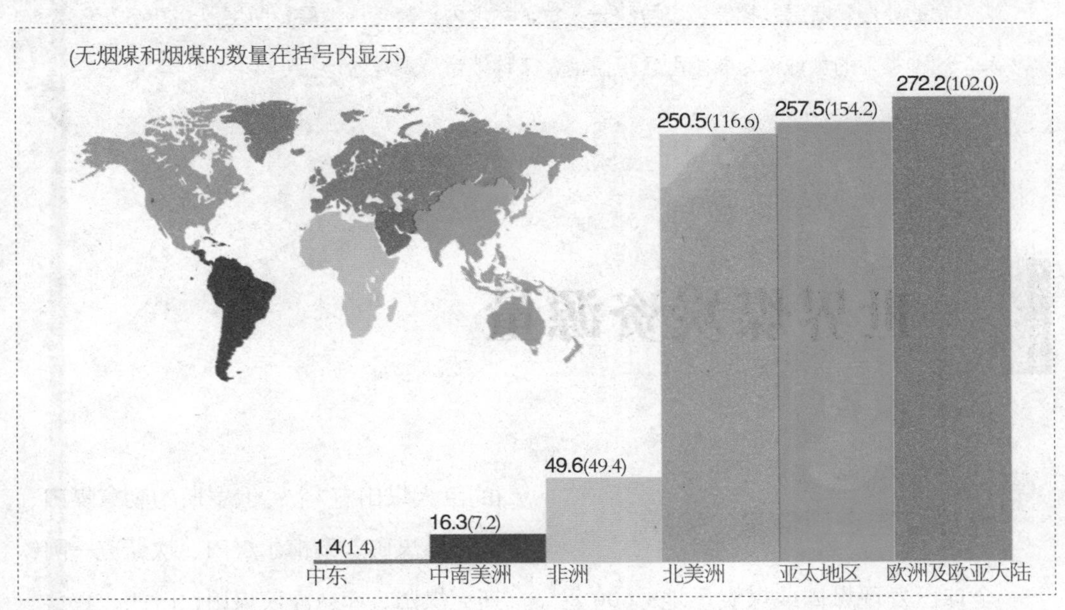

图4–3 2007年世界煤炭可探明储量分布格局（单位:10亿吨）
数据来源：BP Statistical Review of World Energy June 2008

寒带地区，总体以两条巨大的聚煤带最为突出，一条横亘欧亚大陆，西起英国，向东经德国、波兰、俄罗斯，直到我国的华北地区；另一条呈东西向绵延于北美洲的中部，包括美国和加拿大的煤田。南半球的煤炭资源也主要分布在温带地区，比较丰富的有澳大利亚、南非和博茨瓦纳。

——地学知识窗——

坳陷型聚煤盆地

它是原始含煤盆地中一种特殊类型，这种类型的盆地一般规模很大且赋存大量的煤层，如华北晚古生代聚煤盆地、鄂尔多斯中侏罗纪聚煤盆地。这种类型的盆地是由于地壳或岩石圈受引张减薄而形成的碟状坳陷，在这种碟状坳陷内形成大量的聚煤环境，从而最终形成了大量煤层。

断陷型聚煤盆地

世界上经常可以看到很多小型的含煤盆地，这种类型的盆地受到了边界原始断层影响，它的外形受断层线控制，多呈狭长条状，盆地内发育含煤地层，断层以外则不发育煤系，这种类型的盆地称为断陷型含煤盆地，又称地堑型聚煤盆地。

世界煤炭资源量

世界煤炭资源储量

全球已发现煤田或煤炭产地3 600多个（图4-4），其中地质储量大于5 000亿t的巨大煤田有7个：俄罗斯的勒拿煤田、通古斯煤田、泰梅尔煤田、坎斯克—阿钦斯克煤田、库兹涅茨煤田，巴西、秘鲁、哥伦比亚三国交界处的阿尔塔—亚马孙煤

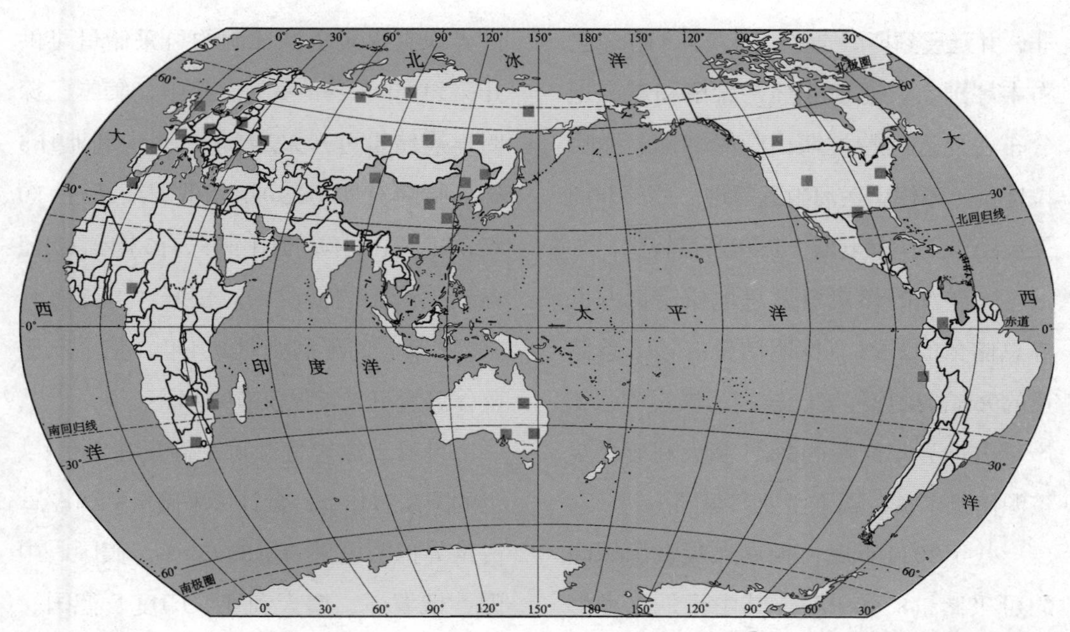

图4-4 世界主要煤田分布图

田，美国的阿巴拉契亚煤田；地质储量在2 000亿~5 000亿t的煤田有4个：德国的下莱茵—威斯特法伦煤田、乌克兰的顿涅茨煤田、俄罗斯的伯朝拉煤田、美国的伊利诺斯煤田；地质储量在5亿~2 000亿t的煤田或煤炭产地有200多个；其他大部分煤田或煤炭产地地质储量则小于5亿t。

欧洲大陆煤炭资源总地质储量13 460亿t，其中褐煤3 260亿t、硬煤10 200亿t；探明储量5 790亿t，占总储量的43%，其中褐煤1 440亿t（占褐煤总储量的44%）、硬煤4 350亿t（占硬煤总储量的43%）。欧洲主要产煤国家有俄罗斯、波兰、德国、捷克、英国和法国。

亚洲大陆集中了世界煤炭资源总地质储量的60%、探明储量的25%。年产量在5 000万t以上的国家和地区有：俄罗斯亚洲部分、中国、印度、朝鲜；年产量为1 000万~5 000万t的国家和地区有：日本、土耳其、韩国。其他国家年产不到1 000万t。

美洲大陆的煤炭资源总地质储量约为42 500亿t，主要分布在北美洲。其中美国36 000亿t，加拿大5 470亿t。南美洲勘探工作不充分，煤炭储量统计不完整。

南部非洲的煤田和煤产地主要分布在大卡路含煤区，它的大部分范围位于南非，并延展到斯威士兰、博茨瓦纳和津巴布韦等国家。北部非洲，煤田和煤产地分布在靠近阿特拉斯山脉的轴部、撒哈拉地台、苏伊士运河附近等地。北部非洲煤炭勘探工作程度低，煤炭产量较少。

大洋洲的煤炭资源总地质储量占世界总储量的2.5%，探明储量占该区总储量的96%，勘探程度比较高。煤炭资源年产量占世界年产量的3%，澳大利亚煤炭资源储量丰富，属于主要产煤国。

截至2011年底，世界煤炭资源探明的可采储量8 609亿t，其中无烟煤和烟煤4 048亿t，次烟煤和褐煤4 562亿t。按2011年煤炭开采水平（76.95亿t），世界现有煤炭资源探明的可采储量可供开采112年（图4-5）。其中，美国已探明煤炭储量可开采240年，澳大利亚185年，哈萨克斯坦290年，俄罗斯超过470年，印度100年，但中国只有33年。欧盟煤炭生产国的情况相对较好，德国可开采216年，匈牙利则是174年，整个欧盟整体煤炭可采年限仅有97年。

世界上煤炭资源可采储量在20亿t以上的国家有18个，合计可采储量8 230亿t，占世界探明可采储量的95.6%。美国、中国、俄罗斯、澳大利亚、印度、德国、乌克兰、哈萨克斯坦和南非等9个国家煤炭资源探明的可采储量都在百亿吨以

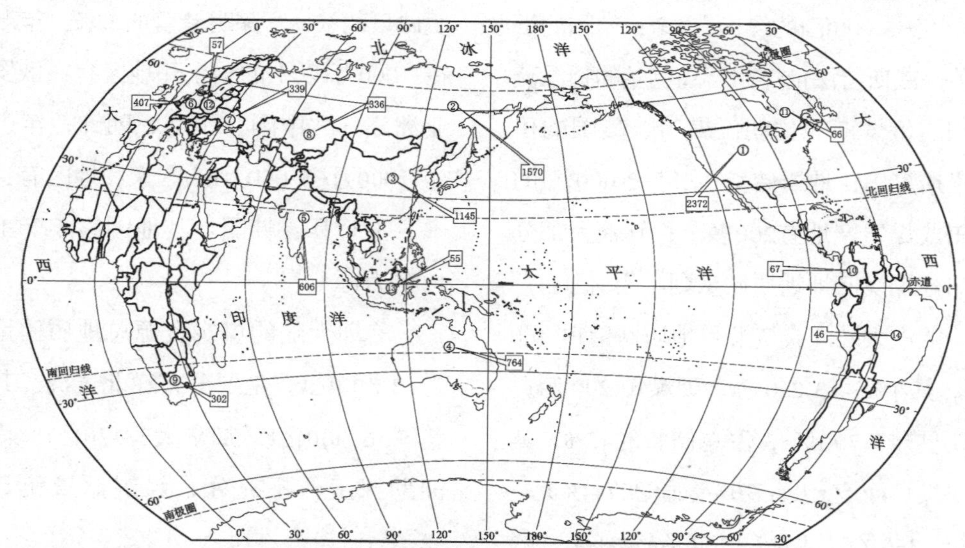

①美国；②俄罗斯；③中国；④澳大利亚；⑤印度；⑥德国；⑦乌克兰；⑧哈萨克斯坦；⑨南非；⑩哥伦比亚；⑪加拿大；⑫波兰；⑬印度尼西亚；⑭巴西

图4-5　2011年全球煤炭资源探明储量（亿t）分布图

上，合计可采储量7 841亿t，占世界探明可采储量的91.1%。其中，美国、中国和俄罗斯属于煤炭资源大国，三国累计探明可采储量5 088亿t，占世界探明可采储量的59.1%。

世界煤炭资源产量与消费

2011年世界煤炭探明储量可满足112年的全球生产需要，是目前为止化石燃料储产比（储量/产量）最高的燃料。欧洲及欧亚大陆是煤炭储量规模最大的地区，拥有最好的储产比，亚太地区煤炭资源的储量规模全球第二，而北美地区则拥有全球第二高的储产比（图4-6）。

煤炭再次成为增长最快的化石燃料。全球产量增长了6.1%。亚太地区占全球产量增长的85%，世界最大的煤炭供应国——中国以8.8%的增量一马当先。世界煤炭消费量增长了5.4%，所有的净增长量均来自亚太地区。在其他地区，除北美洲消费量大幅下降外，其余消费量均有所增加，可谓两相抵消（图4-7）。全球煤炭产量以中国居首，约占全球的49.5%；其次为美国，为14.1%；再次为澳大利亚、印度、印度尼西亚、俄罗斯等（表4-1）。

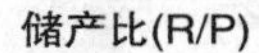

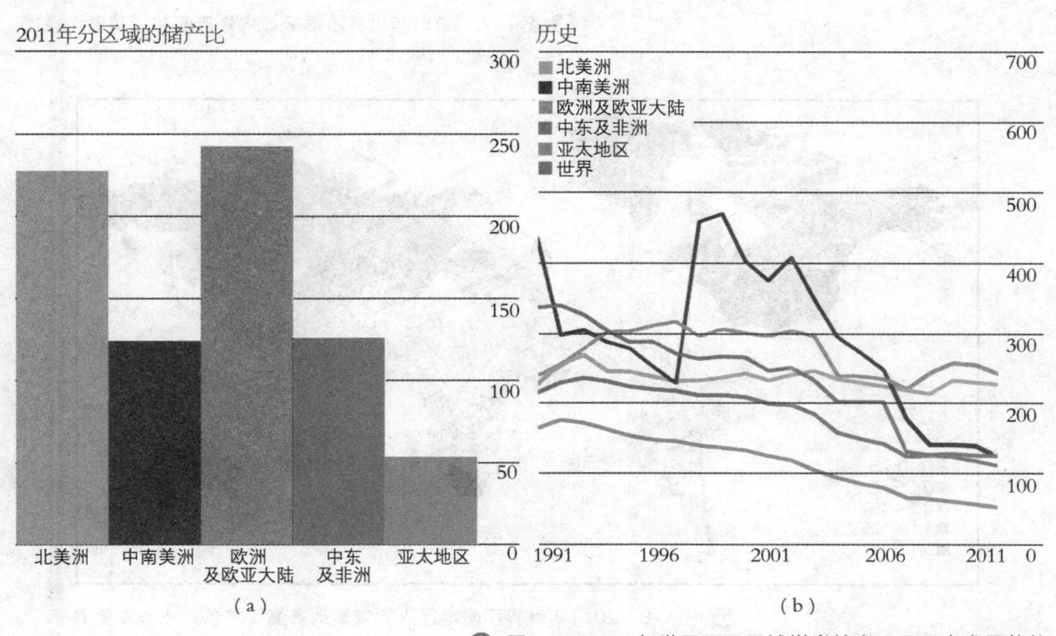

图4-6　2011年世界不同区域煤炭储产比及历史发展趋势

2011年，世界煤炭资源人均消费量较高的地区主要分布在美国、澳大利亚、哈萨克斯坦、波兰、南非等地区，其次是俄罗斯、加拿大等地区（图4-8）。

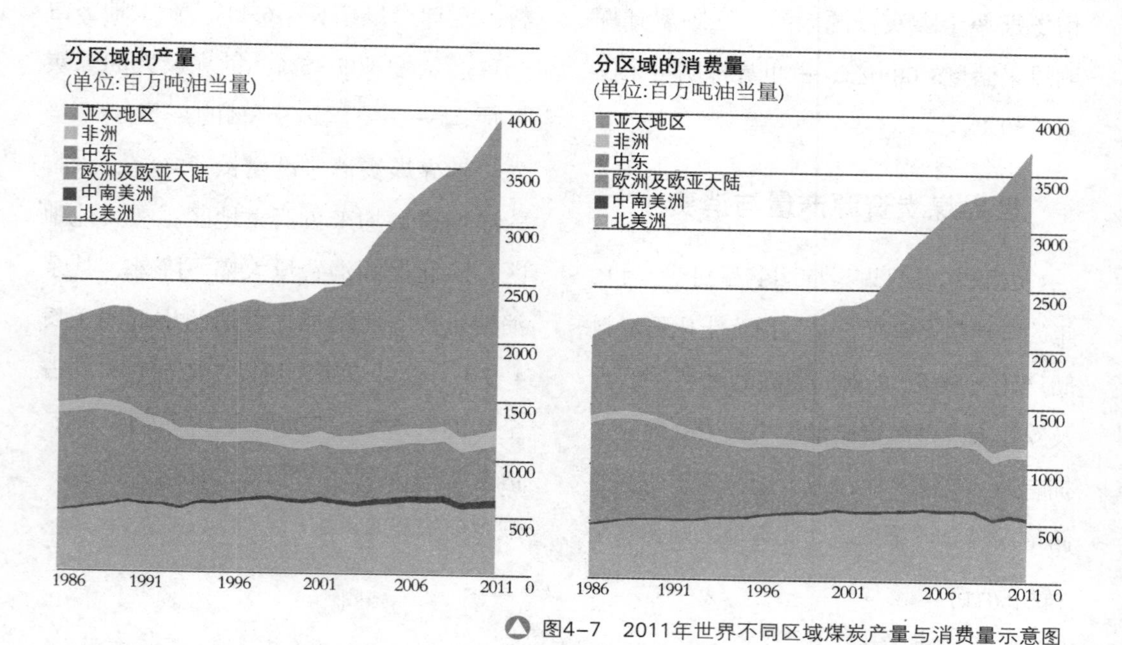

图4-7　2011年世界不同区域煤炭产量与消费量示意图

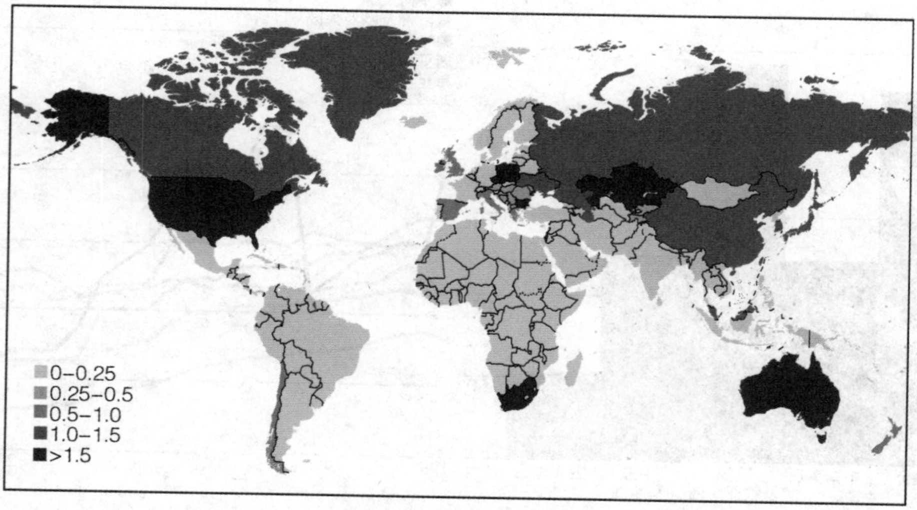

0-0.25
0.25-0.5
0.5-1.0
1.0-1.5
>1.5

图4-8　2011年世界不同地区人均煤炭消费量（单位：吨油当量）

表4-1　　2011年全球煤炭产量表（单位：百万吨油当量）

年　份	2001	2002	2003	2004	2005	2006	2007	2008	2009	2010	2011	2010-2011年变化情况	2011年占总量比例
美国	590.3	570.1	553.6	572.4	580.2	595.1	587.7	596.7	540.9	551.8	556.8	0.9%	14.1%
加拿大	36.6	34.2	31.3	33.5	35.3	34.1	35.7	35.6	32.8	36.0	35.6	-1.2%	0.9%
墨西哥	5.3	5.3	4.6	4.7	5.2	5.5	6.0	5.5	5.0	4.8	7.6	55.8%	0.2%
北美洲总计	632.2	609.5	589.5	610.7	620.7	634.7	629.4	637.8	578.7	592.7	600.0	1.2%	15.2%
巴西	2.1	1.9	1.8	2.0	2.4	2.2	2.3	2.5	2.2	2.1	2.4	11.3%	0.1%
哥伦比亚	28.5	25.7	32.5	34.9	38.4	42.6	45.4	47.8	47.3	48.3	55.8	15.4%	1.4%
委内瑞拉	5.6	5.9	5.1	5.9	5.3	5.7	5.6	5.6	6.4	6.4	6.3	-1.3%	0.2%
其他中南美洲国家	0.5	0.4	0.5	0.2	0.3	0.6	0.3	0.4	0.5	0.3	0.3	–	◆
中南美洲总计	36.8	33.9	39.9	43.0	46.3	51.2	53.6	56.3	56.4	57.2	64.8	13.3%	1.6%
保加利亚	4.4	4.3	4.5	4.4	4.1	4.2	4.7	4.8	4.5	4.9	6.1	26.1%	0.2%
捷克共和国	25.4	24.3	24.2	23.5	23.5	23.8	23.6	22.8	21.0	20.8	21.6	3.7%	0.5%
法国	1.5	1.1	1.3	0.4	0.2	0.2	0.2	0.1	+	0.1	0.1	-42.9%	◆
德国	54.1	55.0	54.1	54.7	53.2	50.3	51.5	47.7	44.4	43.7	44.6	2.1%	1.1%
希腊	8.5	9.1	9.0	9.1	9.0	8.3	8.6	8.3	8.4	7.4	7.4	0.4%	0.2%
匈牙利	2.9	2.7	2.8	2.4	2.0	2.1	2.0	1.9	1.9	1.9	2.0	5.3%	◆
哈萨克斯坦	40.7	37.8	43.3	44.4	44.2	49.1	50.0	56.8	51.5	56.2	58.8	4.5%	1.5%
波兰	71.7	71.3	71.4	70.5	68.7	67.0	62.3	60.5	56.4	55.5	56.6	2.0%	1.4%
罗马尼亚	7.1	6.6	7.0	6.7	6.6	6.5	6.7	6.7	6.4	5.8	6.7	14.1%	0.2%
俄罗斯	122.6	117.3	127.1	131.7	139.2	145.1	148.0	153.4	142.1	151.1	157.3	4.1%	4.0%
西班牙	7.6	7.2	6.8	6.7	6.4	6.1	5.7	4.1	3.8	3.4	2.5	-25.2%	0.1%
土耳其	13.2	11.5	10.4	10.1	12.6	13.7	16.0	16.8	17.1	15.8	16.6	5.1%	0.4%
乌克兰	43.5	42.8	41.6	42.2	41.0	41.7	39.9	41.3	38.4	39.9	45.1	13.0%	1.1%
英国	19.4	18.2	17.2	15.3	12.5	11.3	10.3	11.1	10.9	11.2	11.2	-0.4%	0.3%
其他欧洲及欧亚大陆国家	16.9	17.9	19.0	18.5	17.7	18.5	20.1	20.6	20.0	19.5	20.6	5.2%	0.5%
欧洲及欧亚大陆总计	439.6	427.2	439.8	440.6	440.8	448.0	449.8	456.9	426.6	437.3	457.1	4.5%	11.6%
中东国家总计	0.7	0.8	0.7	0.8	0.8	0.9	1.0	1.0	0.7	0.7	0.7	–	◆
南非	126.1	124.1	134.1	137.2	137.7	138.0	139.6	142.4	141.2	143.3	143.8	0.3%	3.6%
津巴布韦	2.9	2.5	1.8	2.4	2.2	1.4	1.3	1.0	1.1	1.6	1.6	–	◆
其他非洲国家	1.2	1.3	1.6	1.3	1.2	1.3	1.1	1.2	1.0	1.2	1.2	–	◆
非洲总计	130.2	128.0	137.5	140.9	141.1	140.6	142.1	144.5	143.3	146.1	146.6	0.3%	3.7%
澳大利亚	180.2	184.3	189.4	196.8	205.7	210.8	217.1	224.1	232.1	236.0	230.8	-2.2%	5.8%
中国	809.2	853.8	1013.4	1174.1	1302.2	1406.4	1501.1	1557.1	1652.1	1797.7	1956.0	8.8%	49.5%
印度	133.6	138.5	144.4	155.7	162.1	170.2	181.0	195.6	210.8	217.5	222.4	2.3%	5.6%
印度尼西亚	56.9	63.5	70.3	81.4	93.9	119.2	133.4	147.8	157.6	169.2	199.8	18.1%	5.1%
日本	1.8	0.8	0.7	0.7	0.6	0.7	0.8	0.7	0.7	0.5	0.7	38.7%	◆
新西兰	2.5	2.8	3.2	3.3	3.3	3.6	3.0	3.0	2.8	3.3	3.1	-7.7%	0.1%
巴基斯坦	1.5	1.6	1.5	1.5	1.6	1.7	1.6	1.8	1.6	1.5	1.4	-4.1%	◆
韩国	1.7	1.5	1.5	1.4	1.3	1.3	1.3	1.2	1.1	0.9	0.9	0.1%	◆
泰国	5.6	5.7	5.3	5.6	5.8	5.3	5.1	5.0	5.0	5.1	6.0	16.7%	0.2%
越南	7.5	9.2	10.8	14.7	18.3	21.8	22.4	23.0	25.2	24.6	24.9	1.1%	0.6%
其他亚太地区国家	19.9	19.6	20.3	22.1	24.9	25.3	23.9	25.6	28.5	36.3	40.2	10.8%	1.0%
亚太地区总计	1220.7	1281.2	1460.8	1657.3	1819.6	1966.3	2090.7	2184.8	2317.4	2492.7	2686.3	7.8%	67.9%
世界总计	2460.2	2480.5	2668.1	2893.2	3069.3	3241.7	3366.5	3481.2	3523.2	3726.7	3955.5	6.1%	100.0%
其中：经合组织	1029.1	1006.2	989.5	1012.5	1025.7	1040.4	1039.9	1047.5	986.3	1000.0	1004.4	0.4%	25.4%
非经合组织	1431.2	1474.3	1678.6	1880.7	2043.6	2201.3	2326.7	2433.7	2536.9	2726.6	2951.0	8.2%	74.6%
欧盟	207.5	205.0	203.8	198.6	191.0	184.3	180.8	173.0	162.5	160.1	164.3	2.6%	4.2%

* 仅指商用固态燃料，即：烟煤和无烟煤（硬煤）、褐煤与亚烟煤。
† 低于0.05。
◆低于0.05%。

世界典型煤田

全球100多个国家有煤炭资源赋存，煤炭产量中国居首位，其他主要产煤国家依次为美国、印度、澳大利亚、俄罗斯、南非、德国、波兰、乌克兰、印度尼西亚、加拿大，上述国家煤炭年产量占世界煤炭总产量的85%～90%。下面按地质、地理的近似性，择要说明国外一些煤田的地质特征、开采地质条件与开发现状。

美国

美国的煤田或煤矿床可分为东部区、内陆区、北方大平原区、落基山区、滨太平洋区和墨西哥湾海岸平原区等6大含煤区。

东部石炭纪含煤区

位于阿巴拉契亚山脉的前陆盆地，含煤地层是宾夕法尼亚亚系，煤层厚0.5～3.6 m，以烟煤和无烟煤为主；该区东部，煤层厚0.5～2.5 m，厚度超过1.5 m的Springfield煤层、Herrin煤层分布范围达数千平方千米；西部煤层较薄（<1.5 m），但分布广，采取露天剥离开采。

北方大平原含煤区

包括怀俄明州、蒙大拿州、北达科他州和南达科他州的煤盆地，含煤地层是白垩系和古近系，主要是亚烟煤和褐煤；褐煤见于Williston盆地，亚烟煤出现于Powder River盆地和其他盆地，而蒙大拿州北部白垩纪煤为烟煤。古近纪煤厚度大（>30 m），采用露天开采。

落基山含煤区

煤系赋存于一系列山间盆地，白垩纪煤多为烟煤和亚烟煤，古近纪煤为亚烟煤和褐煤；煤层厚度3.0～10.0 m，部分煤层受构造破坏，另一些煤层受岩浆侵入体影响。落基山的煤中硫含量低，多为高、中挥发分烟煤，局部地区有配焦煤，采用露天和平硐开采。

滨太平洋含煤区

包括落基山西部和阿拉斯加的煤矿床，成煤时代为白垩纪和古近纪，赋存于南部加利福尼亚州到北部华盛顿州的小型盆地，被构造破坏严重，煤的变质程度高。在阿拉斯加州，已发现许多亚烟煤和高挥发分烟煤矿床，但尚未进行地质勘探。

墨西哥湾海岸平原含煤区

成煤时代为古近纪，煤种为褐煤，构造简单，煤层近水平赋存，厚度1.0～7.5 m，采用大型露天开采方式。

加拿大

加拿大西部含煤区

从萨斯喀彻温省的南部，经艾伯塔省延伸到不列颠哥伦比亚省，其实是美国西部含煤区的向北延伸。该区分布于平原地区者几乎均是未受构造扰动的古近纪和中生代（晚侏罗世至早白垩世）褐煤与亚烟煤；而分布于落基山区者是中生代的高—低挥发分烟煤，煤层厚度3～5 m。

加拿大东部含煤区

包括Minto煤田、New Brunswick煤田以及位于新斯科舍省的Sydney煤田，含煤地层为上石炭统，均为烟煤，部分硫含量高，结焦性好。

加拿大北部含煤区

煤矿床主要见于育空地区（Yukon Territory）和西北地区（Northwest Territory），其成煤时代与加拿大西部含煤区相同；其中，中生代煤矿床主要见于育空地区，属高—低挥发分烟煤，古近纪煤矿床分布于育空地区和包括北极群岛在内的西北地区；晚泥盆世和早石炭世煤矿床见于北极群岛。

澳大利亚

澳大利亚的二叠纪煤主要见于西澳大利亚州的Collie盆地和Fitzroy盆地、昆士兰州的Bowen盆地和Galilee盆地、新南威尔士州的Sydney盆地，其他小面积二叠纪煤田分布于南澳大利亚州和塔斯马尼亚州。

Collie盆地的煤层厚1.5～11.2 m，为低灰、低硫亚烟煤，未被构造扰动，Cardiff和Muja地区已开采，位于西澳大利亚州其他地区的煤田尚待开发。

Bowen盆地的煤层埋藏浅，几近水平，厚度达30 m，主要是低硫、灰分产率不等的高挥发分烟煤，结焦性好，采用大型露天开采方式。

Sydney盆地是澳大利亚最为重要的煤炭工业基地，主采煤层厚约10 m，为低硫、灰分产率不等的高挥发分烟煤，部分结焦好，构造简单，煤层几乎未被构造破坏，露天和地下井工开采兼而有之，主要开采地区有Sydney盆地的西部和南部、Burragorang河谷、Hunter河谷。

昆士兰州东南部的Brisbane地区为中生代烟煤，尚未大规模开发。

维多利亚州的Gippsland盆地广泛发育古近纪煤系，煤层厚度巨大，主采煤层达300 m，埋藏浅，产状近于水平，为低灰、低硫褐煤，采取露天开采，其中最重要的产煤区位于Latrobe河谷。

印度

印度98%的煤炭资源和95%的煤炭产量来自二叠纪岗瓦那煤系。岗瓦那煤集中分布于印度半岛东北部和中东部的14个盆地；新生代褐煤见于印度东北部和西北部，最重要的褐煤矿床位于泰米尔纳德邦的Neyveli以南。在比哈尔、西孟加拉和奥里萨等东部各邦，Jharia、Raniganj、Bokaro、Ramgarh、Karanpura、Singrauli和Bisrampur等煤田均开发岗瓦那煤。除Singrauli煤田有厚达134 m的巨厚煤层外，其他煤田的主采煤层厚度多在1～30 m之间，主要是高灰、硫含量不等的高—低挥发分烟煤；在Jharia和Raniganj煤田，产优质炼焦煤。这些煤田都有断层，但构造破坏不强烈。印度中东部的Pench-Kanhan-Tawa、Godavarih和Talchir煤田，岗瓦那煤厚1.0～4.0 m，属不能炼焦的高挥发分烟煤；煤层未被构造破坏。印度北部山区的新生代煤田构造复杂，阿萨姆邦的Makum煤田煤层呈透镜状，局部地区厚度达30 m，为高硫、高挥发分烟煤。印度南部的Neyveli地区为古近纪褐煤，构造简单，煤层最厚可达20 m，硫含量高。

南非

南非的煤矿床主要分布于北部和东部的一系列盆地，其中，以Karroo盆地最为重要。含煤地层为二叠系，主采煤层厚度5 m左右，几乎未受构造破坏，主要是高灰、低硫、高挥发分烟煤，部分具弱结焦性。Karroo盆地的Eastern Transvaal、Highveld、Springs Witbank、South Rand、Utrecht、Vierfontein和Vereenig煤田，多为地下井工开采。位于南非与博茨瓦纳边境附近的Waterberg煤田和Springnbok Flats地区，处于开发早期阶段，而Limpopo和Lebombo煤田的高灰分烟煤资源勘探程度较低。

俄罗斯和乌克兰

俄罗斯和乌克兰境内，成煤期有晚古生代（石炭纪、二叠纪）、中生代（三叠纪、侏罗纪、白垩纪）和新生代，含煤层位自西（欧洲部分）而东（远东滨太平洋）逐渐抬高。下面以几个开发历史悠久的煤盆地来说明其开采地质条件。

顿涅茨盆地位于乌克兰的第涅伯彼特罗夫斯克州、顿涅茨州、伏罗希罗夫格勒州和俄罗斯的罗斯托夫州境内，面积约6万km^2。石炭纪地层含煤300多层，其中，2/3的煤层厚度小于0.45 m，少数煤层的最大厚度1.8 m（偶尔达到2.5 m），主要可采煤层位于上石炭统莫斯科阶，有6个煤组，有编号的可采煤层30层以上；煤种以肥煤和无烟煤为主，其次是气肥煤、焦煤、瘦煤。由于煤层厚度不大，构造复杂，加之大小冲刷现象的存在，使得开采地质条件复杂化，且该区的瓦斯含量较高，水文地质条件较复杂。

莫斯科近郊煤田由许多独立的煤产地构成，它们绕莫斯科市的西部和南部作半环状分布。莫斯科近郊煤田的含煤层位为下石炭统维宪阶，含煤段由博布里科沃层和土拉层组成，前者平均厚度25～30 m，含一层厚度1.4～2.8 m（最厚5～12 m）的可采煤层，后者仅有局部可采煤层；煤种为褐煤。煤层埋藏浅（埋深15～30 m）的煤产地已全部或大部分采完，目前的生产矿井主煤层的底板深度大体在60～140 m。

库茨涅茨克煤田位于西伯利亚克麦罗沃州，北西—南东走向长335 km，宽约110 km。库茨涅茨克煤田含煤层位是上石炭统—下二叠统（巴拉洪群）、上二叠统（科里楚金群）和上三叠统—侏罗系（塔尔巴甘群）；下巴拉洪亚群含煤性低，煤层薄，仅局部地区有工业煤层，上巴拉洪亚群的乌夏茨克组煤层最发育，含20个2.5～10 m（个别25.0～30.0 m）的工业煤层；科里楚金群含有40个1.0～3.0 m（个别10.0～25.0 m）的可采煤层；塔尔巴甘群含煤11～56层，其中5～14层达可采厚度（0.8～9.4 m）。库茨涅茨克煤田的煤种齐全，并以炼焦煤为主。

波兰

波兰的晚古生代煤分布于上西里西亚、下西里西亚和卢布林煤田，含煤地层为上石炭统纳谬尔阶至维斯发阶。上西里西亚煤田的晚古生代煤系含煤400层，已开采的达200层，可采煤层一般厚

1.5～2.0 m，最厚达24 m，以低灰、低硫、高挥发分烟煤为主，以地下井工开采为主。下西里西亚煤田晚古生代煤系的煤层总数（50层）和可采层数（30层）都比上西里西亚煤田少，煤层也比较薄（0.6～1.2 m），煤类为焦煤—瘦煤，地下开采。卢布林煤田为低灰、低硫烟煤，结焦性好，与上、下西里西亚煤田相比，煤层几乎未被构造破坏。波兰的新生代褐煤主要见于中部和西南部，中部Belchatow和Konin地区的煤层厚度分别为70 m和20 m，西南部的下Lausitz和Turoscow煤田的褐煤层厚达60 m，采取露天开采。

德国

德国的晚古生代煤主要分布于亚琛、鲁尔、萨尔盆地，其中，亚琛盆地产低灰、低硫、高—低挥发分烟煤（部分为焦煤），煤厚约1.5 m；鲁尔盆地的低灰、低硫、高挥发分烟煤是良好的炼焦煤，煤层厚0.5～3.0 m，其向北延展部分的下Saxony煤田产无烟煤；萨尔盆地产不能配焦的烟煤，煤层几乎未受构造破坏，煤厚0.5～2.0 m。德国最为重要的新生代褐煤矿床主要见于莱茵、Halle Leipzig Borna 和下Lausitz盆地。莱茵盆地位于鲁尔附近，赋存厚度达90 m的低灰、低硫褐煤，露天开采；Halle Leipzig Borna 和下Lausitz盆地位于德国东部，赋存低灰、低硫褐煤，煤厚均在50 m以上，采取大规模露天开采。

印度尼西亚

该国的煤田主要分布于苏门答腊和加里曼丹，含煤地层均为古近系和新近系，煤类为褐煤—低挥发分烟煤，部分地区煤级较高。Bukit Asam煤田位于苏门答腊岛的东南端，煤厚达12 m，一般为低灰、低硫亚烟煤，岩浆岩侵入体附近为烟煤，露天开采；Ombilin煤田位于西苏门答腊省首府Badang市东北的Sawahlunto附近，主要可采煤层厚达20 m，为高挥发分烟煤或低灰、低硫亚烟煤，露天和地下井工开采；Bengkulu煤田位于苏门答腊西南海岸，为低灰亚烟煤，仅小规模开发。加里曼丹的新生代煤田主要分布于该岛的东海岸。东加里曼丹省的Sagatta/Berau煤田和南加里曼丹省的Senaki/ Tanah Grogot/ Tanjung煤田主要是低灰、低硫烟煤和亚烟煤，煤层厚度达10 m；加里曼丹东北部的Karakan煤田为高硫烟煤，现已停止开发。

Part 5 中国煤炭资源大观

中国煤炭资源丰富、成煤期次多、含煤地层分布广泛、煤类品种齐全，且煤炭中共伴生的矿产资源较为丰富，但优质的动力煤、无烟煤和炼焦用煤相对较少。中国煤炭资源大都分布在北部和西北部地区，且大都埋藏深，需要井工开采，而适宜露天开采的较少。

我国北方省区煤炭资源量占全国总量的90%以上，南方则不足10%，煤炭资源主要分布在新疆、内蒙古、山西、陕西、河南、宁夏、甘肃、贵州等省区。煤炭类型以低—中变质烟煤为主，其次为高变质烟煤和无烟煤，低变质的褐煤最少。

随着社会经济发展对能源的需求逐渐增加，我国建立了13个煤炭能源基地，成为我国煤炭生产的主要阵地，并肩负着“西煤东输”“西电东送”的任务，以保证社会经济和谐、快速、有序、健康发展。

中国煤炭分布

中国的含煤地层

中国的成煤期较多，含煤地层分布广，主要有晚古生代石炭—二叠纪含煤地层，晚二叠世、三叠纪含煤地层，中生代侏罗纪和白垩纪含煤地层，以及新生代古近纪含煤地层。

晚古生代石炭—二叠纪含煤地层

华北含煤地层 该含煤地层在华北广泛分布，自中石炭世形成广阔的聚煤坳陷，经晚石炭世、早二叠世沉积，形成本溪组、太原组、山西组和下石盒子组4个含煤层位，其中除了本溪组含煤性较差外，其余3个含煤层位含煤性均较好。尤其山西组和下石盒子组含煤性最好，是中国煤矿主要开采煤层的赋存层位。华北含煤地层分布范围广，其北界为阴山、燕山及长白山东段；南界为秦岭、伏牛山、大别山及张八岭；西界为贺兰山、六盘山；东界为黄海、渤海。遍及京、津、晋、冀、鲁、豫的全部，辽、吉、内蒙古的南部，甘、宁的东部，以及陕、苏、皖的北部。

南方含煤地层 该含煤地层主要分布在秦岭—阴山构造带以南、川滇构造带以东的华南诸省。具有工业价值的含煤地层有晚石炭世测水组、早二叠世官山段和梁山段以及晚二叠世龙潭组或吴家坪组，其中晚石炭世龙潭组是中国南方最重要的含煤地层。

中生代含煤地层

晚三叠世含煤地层 分布于天山—阴山以南，主要含煤地层大部分分布于南方，即昆仑—秦岭—大别山以南。重要的含煤地层有：湘赣的安源组、粤东北的艮口群、闽浙的焦坪组、鄂西的沙镇溪组、四川盆地的溪家河组、云南的一平浪群、滇东和黔西的大巴冲组、西藏的土门格拉组。在昆仑—秦岭构造以北，晚三叠世重要含煤地层有：鄂尔多斯盆地的瓦窑堡组、新疆的塔里奇克组，以及吉林东部局部保存的北山组等。

早、中侏罗世含煤地层 其分布范围遍及全国多数省份，但聚煤作用最强的主要分布在西北和华北地区，其中以新疆的资源储量最为丰富。主要含煤地层有：鄂尔多斯盆地的延安组、山西大同盆地的大同组、北京的窑坡组、北票的北票组、内蒙古石拐子的五当沟组、河南的义马组、山东的坊子组、青海的小煤沟组、新疆的水西沟组等。

晚侏罗世—早白垩世含煤地层 含煤地层多数发育于孤立的断陷型内陆山间盆地或山间谷地之中，聚煤盆地面积较小，但含有厚或巨厚的煤层，中国最厚的煤层大都位于东北和内蒙古东部地区。主要含煤地层有：黑龙江的穆林组、辽宁的沙海组和阜新组、内蒙古的伊敏组和霍林河组、吉林的九台组等。

新生代含煤地层

古近纪—新近纪也是中国主要的聚煤期之一，但含煤地层的分布很不均衡。根据聚煤期、盆地成因类型特点，可分为南、北两个聚煤地区。

北区 主要分布在大兴安岭—吕梁山以东地区，最南到河南省的栾川、卢氏，最北至黑龙江的孙吴、逊克，东部到三江平原的图们、珲春以及山东的龙口。聚煤时代以新近纪始新世、渐新世为主，主要含煤地层有：辽宁抚顺的老虎台组、栗子沟组、古城子组，吉林的舒兰组、梅河组，黑龙江的虎林组，山东的龙口组（沙河街组）。

南区 主要分布在秦岭—淮河以南的广大地区，东至台湾的西部地区、浙江的嵊州市，南到海南的长坡、长昌，西抵云南的开源、昭通以及西藏的巴喀和四川西部的白玉、昌台等地。聚煤时代为新近纪渐新世、古近纪中新世和上新世，后者是南区的主要聚煤时代。主要含煤地层有：云南开远的小龙潭组、滇东昭通组，台湾西部地区有古近纪中新世三峡群（南庄组）、瑞芳群（石底组）、野柳群（木山组）。

中国的五大含煤区

我国成煤期众多、含煤地层分布广泛，按照煤系的时空分布和大地构造特征，可将我国煤田分为华北、东北、华南、西北和滇藏5个大的含煤区。

华北含煤区

华北含煤区位于阴山—燕山以南、秦岭—大别山以北和贺兰山—六盘山以东的广大地区。该区主要含煤地层形成于石炭二叠纪和侏罗纪。石炭二叠纪煤田是晋、冀、鲁、豫、宁、陕、内蒙古等省区的主要开采对象，煤种为气煤—无烟煤，处于华北地台外环变形区的煤田（如大青山、贺兰山—桌子山、渭北、豫西、徐州、淮南、淮北等煤田）构造变形强烈，即使是位于华北地台内部的煤田（如河东煤田、大宁煤田、沁水盆地），由于陆内造山带（如吕梁山、太行山）的存在，仍然受构造或侵入岩体的扰动，构造比较复杂。比较而言，侏罗纪的煤层受构造破坏较轻，鄂尔多斯盆地的侏罗纪煤田（如东胜、神木—榆林地区）的构造十分简单，煤层近水平分布，是我国煤矿开采地质条件最简单的地区。

东北含煤区

东北含煤区是指阴山—燕山以北的我国东北地区（包括内蒙古自治区的东三盟），含煤地层以下白垩统为主，其次是石炭二叠纪煤系和古近纪—新近纪煤系。该区处于华北地台的东北缘和天山—兴蒙褶皱带，南部的南票、红阳、本溪和通化等晚古生代煤田受强烈挤压变形和后期改造，构造复杂。三江—穆棱地区的鸡西、七台河、双鸭山、鹤岗和集贤的白垩纪煤田断裂发育、褶皱宽缓，伴有岩浆岩侵入，使煤层受到破坏，构造复杂。辽宁西部、大兴安岭及其以西的白垩纪煤田（如阜新、铁法、乌兰浩特—林西、平庄—元宝山、伊敏、大雁—陈旗、扎赉诺尔、霍林河和胜利等煤田）均位于北东和北北东向小型断陷盆地内，煤层较平缓，断裂比较发育，煤系被切割成一系列规模不等的断块。新生代煤田分布于抚顺、沈北、依兰、舒兰、梅河口、桦甸和延边等地；除抚顺外，多为褐煤；均为北东向断陷盆地，常被北西向断裂切割；地堑内的含煤地层常呈北东向不对称向斜。

华南含煤区

华南含煤区位于秦岭—大别山以南，龙门山—大雪山—哀牢山以东。该区成煤年代有早石炭世（测水煤系）、早二叠世（梁山煤系）、晚二叠世（龙潭煤系、宣威煤系）、晚三叠世（安源煤系、须家河煤系、宝鼎煤系）和侏罗纪（香溪煤系）等，且以晚二叠世煤田为主。在大地构造上，该区位于扬子地台和华南褶皱系，晚三叠世以后经历了十分强烈的后期改造，构造复杂。滇东、广西、广东、海南和闽、浙、台等省的古近纪—新近纪褐煤田，除台湾地区外，大多以断陷盆地的形式存在，后期改造微弱，构造较简单。

西北含煤区

西北含煤区是指昆仑山—秦岭以北和贺兰山—六盘山以西地区。该区虽有石炭二叠纪（山丹）和白垩纪（徽成盆地）含煤地层，但主要成煤年代是早中侏罗世。大中型盆地（如准噶尔盆地、伊犁盆地、吐哈盆地、三塘湖盆地、塔里木盆地、柴达木盆地）的侏罗纪含煤地层和煤层分布稳定，但受后期构造运动的改造，构造复杂，盆缘煤层倾角大，盆地内部煤层倾角变缓。祁连山的小型煤盆地群（如靖远、窑街、阿干镇、大有、大通、热水、木里、江仓、门源和潮水盆地等）的边缘断裂构造发育，内部有复杂的褶皱构造。

滇藏含煤区

滇藏含煤区是指昆仑山以南、龙门山—哀牢山以西的西藏全部和云南西部。该区从石炭纪煤系到新生代煤系均有发育，但都是小型煤盆地。地质构造十分复杂，构造线走向北西或北北西向。

中国煤炭资源特征

煤炭资源储量丰富、分布面广、品种齐全

中国煤炭资源分布面广，除上海市外，全国31个省、市、自治区都有不同数量的煤炭资源。1992~1995年我国进行的第三次全国煤炭资源预测，当时已经探明的煤炭地质储量约1万亿t，其中山西约2 600亿t，内蒙古约2 200亿t，陕西约1 700亿t，新疆约952亿t，贵州约500亿t，宁夏约300亿t。

在全国2 100多个县中，1 200多个有预测储量，已有煤矿开采的县就有1 100多个，占60%左右。从煤炭资源的分布区域看，华北地区最多，占全国保有储量的49.25%。其次为西北地区，占全国的30.39%。其后依次为西南地区，占8.64%；华东地区，占5.7%；中南地区，占3.06%；东北地区，占2.97%。按省、自治区、直辖市计算，山西、内蒙古、陕西、新疆、贵州和宁夏6省区最多，保有储量约占全国的81.6%。

中国煤炭资源的种类较多，在现有探明储量中，烟煤占75%、无烟煤占12%、褐煤占13%。其中，原料煤占

27%，动力煤占73%。动力煤储量主要分布在华北和西北，分别占全国的46%和38%，炼焦煤主要集中在华北，无烟煤主要集中在山西和贵州两省。

中国煤炭质量总体较好。已探明的储量中，灰分小于10%的特低灰煤占20%以上；硫分小于1%的低硫煤占65%~70%；硫分1%~2%的占15%~20%。高硫煤主要集中在西南、中南地区。华东和华北地区上部煤层多为低硫煤，下部多为高硫煤。

煤炭资源与地区的经济发达程度呈逆向分布

我国煤炭资源在地理分布上的总格局是西多东少、北富南贫，主要集中分布在目前经济相对不发达的山西、内蒙古、陕西、新疆、贵州、宁夏等6省区，占全国煤炭资源总量的80%以上；而我国经济发达、耗用煤量较大的京、津、冀、辽、鲁、苏、沪、浙、闽、台、粤、琼、港、桂等14个东部沿海省（市、区），煤炭资源量仅占全国煤炭资源总量的5%左右，资源十分贫乏。这些地区不仅资源很少，而且大多数还是开采条件复杂、质量较次的无烟煤或褐煤，不但开发成本大，而且煤炭的综合利用价值不高。

我国煤炭资源赋存丰度与地区经济发达程度呈逆向分布的特点，使煤炭基地远离了煤炭消费市场，煤炭资源中心远离了煤炭消费中心，从而加剧了远距离输送煤炭的压力，带来了一系列问题和困难。随着今后经济高速发展，用煤量日益增大，加之煤炭生产重心西移，运距还要加长，压力还会增大。因此，运输已成为而且还将进一步成为制约煤炭工业发展、影响国民经济快速增长的重要因素。只有提供方便的交通运输，才能使煤炭顺利进入消费市场，满足各方面的需要，保证我国国民经济快速、持续、健康地向前发展。

煤炭资源与水资源呈逆向分布

我国水资源比较贫乏，仅相当于世界人均占有量的1/4，而且地域分布不均衡，南北差异很大。以昆仑山—秦岭—大别山一线为界，以南水资源较丰富，以北水资源短缺。北方以太行山为界，东部水资源多于西部地区。例如，山西、甘肃、宁夏3省（自治区）的水资源量仅占北方水资源量的7.5%，地下水天然资源量仅占北方地下水天然资源量的8.9%。陕西、内蒙古和新疆，年降雨量多在500 mm以下，还有一些地区不足250 mm，加之日照时间长，蒸发量大，水资源十分贫乏，而且地处我国西部大沙漠，属于典型的干旱或半干旱严重缺水地区。与此相反，这些地区却蕴藏着丰富的煤炭资源，不仅数量多，而且埋藏相对较浅，品质好，品种齐全，是我国现今和今后煤炭生产建设的重点地区。

煤炭资源过度集中，并与水资源呈逆向分布，不仅给当地的煤炭生产发展带来了重要影响，而且解决不好还将制约整个煤炭工业的长远发展。煤炭生产和煤炭洗选过程中需要大量的工业用水。大规模的采矿活动和大量用水，必然会使本来就很脆弱的生态环境进一步恶化，使本来已经得到控制的沙漠继续向外蔓延。因此，国家在制定开发规划时，一定要综合考虑矿区水源、外运能力、环境保护和人口容量等诸多因素，将其控制在一个协调、适度的发展规模上。

优质动力煤丰富，优质无烟煤和优质炼焦用煤不多

我国煤类齐全，从褐煤到无烟煤各个煤化阶段的煤都有赋存。但各煤类的数量不均衡，地区间的差别也很大。通常将煤的基本用途划分为炼焦用煤和非炼焦用煤两大部分，前者占全国煤炭保有储量的25.4%，后者占72.9%。

我国非炼焦用煤储量很丰富，特别是低变质烟煤（长焰煤、不黏煤、弱黏煤及其未分类煤）所占比重较大，共有保有储量4 262亿t，占全国煤炭保有储量的42.5%，占全国非炼焦用煤的58.3%，资源十分丰富。从总体上看，不黏煤和弱黏煤的煤质均好于全国其他各煤类。例如，闻名中外的大同弱黏煤和新开发的陕北神府矿区和内蒙古西部东胜煤田中的不黏煤，灰分为5%～10%，硫分小于0.7%，被誉为天然精煤，是世界瞩目的绝好资源。它不但是优质动力用煤，而且部分还可作气化原料煤。其中，部分弱黏煤还可作炼焦配煤。所以说，我国的低变质烟煤数量大、煤质好，是煤炭资源中的一大优势。

我国无烟煤保有储量为1 156亿t，仅占全国煤炭保有储量的11.5%，主要分布在山西和贵州两省，其次是河南和四川。山西省产于山西组中的无烟煤灰分和硫分一般较低，而产于太原组中的无烟煤则多为中高硫至特高硫煤；贵州省和四川省的无烟煤多属高硫至特高硫煤；河南省的无烟煤灰分、硫分均较低，但多属粉状构造煤，应用范围较小。虽然宁夏汝箕沟、碱沟山的无烟煤，湖南湘中金竹山的无烟煤，灰分、硫分都很低，都是少有的优质无烟煤，在国际市场上享有盛誉，但这些矿区规模不大，储量有限。因此，我国优质无烟煤不多。

我国炼焦用煤（气煤、肥煤、焦煤和瘦煤）的保有储量为2 549亿t，占全国煤炭保有储量的25.4%，比重不大且品种不均衡。其中，气煤占炼焦用煤的40.6%，而肥煤、焦煤和瘦煤三种炼焦基础煤分别仅占18.0%、23.5%和15.8%。炼焦用煤多属中灰煤，基本上没有低灰和特低灰煤，而且硫分偏高，而低硫高灰者可选性一般较差。华北地区山西组煤的灰分、硫分相对较低，可选性较好，是我国目前炼焦用煤的主要煤源，但其结焦性一般不如太原组煤好，而太原组煤大都属中高硫甚至特高硫，脱硫困难。北方早中侏罗世产有少量气煤，其灰分、硫分均较低，可选性也较好，但黏结性差，很少能用于炼焦。因此，我国优质炼焦用煤也不多。

综上所述，我国虽然煤类齐全，但真正具有潜力的是低变质烟煤，而优质无烟煤和优质炼焦用煤都不多，属于稀缺煤种，应当取有效措施，切实加强保护和合理开发利用。

煤层埋藏较深，适于露天开采的煤储量很少，适于露天开采的中、高变质煤更少

据对全国煤炭保有储量的粗略统计，煤层埋深小于300 m的约占30%，埋深在300～600 m的约占40%，埋深在600～1 000 m的约占30%。一般来说，京广铁路以西的煤田，煤层埋藏较浅，不少地方可以采用平峒或斜井开采，其中，晋北、陕北、内蒙古、新疆和云南的少数煤田的部分地段，还可露天开采；京广铁路以东的煤田，煤层埋藏较深，特别是鲁西、苏北、皖北、豫东、冀南等平原地区，煤层上覆新生界松散层多在200～800 m，建井困难。与世界主要产煤国家比较而言，我国煤层埋藏较深，且多以薄—中厚煤层为主，巨厚煤层很少，可以作为露天开采的煤炭储量甚微。

露天开采效率高、成本低、生产安全、经济效益好，适于露天开采的储量应该充分利用，加大开发规模。我国适宜露天开采的矿区（或煤田）主要有13个（表5-1），已划归露天开采和可以划归露天开采储量共仅占全国煤炭保有储量的4.1%。北方晚石炭世—早二叠世的煤层，煤层厚度小，仅个别煤田有少量储量可以划归露天开采。如，山西平朔矿区、河保

表5-1　露天开采主要矿区（或煤田）

省（自治区）	矿区或煤田名称	含煤地质时代	保有储量（亿 t）			煤层				覆盖层厚度(m)	平均剥采比(m^3/t)
			合计	其中		煤类	平均总厚度(m)	主采层数	倾角(°)		
				已划归露天开采	可以划归露天开采						
山西	平朔	晚石炭—早二叠世	130.81	44.32	16.10	气煤	30.00	3	<10	100~200	5.59
山西	河保偏	早二叠世	183.50	8.99	8.40	长焰煤	34.70	1~6	5~10	100~170	4~6
陕西	神府	早、中侏罗世	147.89		7.84	不黏煤	17.73	3	1~2	23~60	6.16
内蒙古	准格尔	晚石炭—早二叠世	246.55	21.28	19.13	长焰煤	33.65	3	5~10	0~110	5.59
内蒙古	东胜	早、中侏罗世	176.01	1.65	3.00	不黏煤	10.4~27	2	1~2	<70	2~5
内蒙古	胜利	早白垩世	213.72	122.44		褐煤	34.23	5	3~4		2.5~2.6
内蒙古	伊敏	早白垩世	49.82	19.06		褐煤	42.00	2~3	3~6	5~20	3.13
内蒙古	霍林河	早白垩世	131.00	14.60	15.44	褐煤	10~30	4	5~15		4~5
内蒙古	宝日希勒	早白垩世	41.62	26.61		褐煤	44.82	5	5~10	20~100	3.87
内蒙古	元宝山	早白垩世	11.57	3.92		褐煤	76.70	2	3~8		3.96
云南	小龙潭	古近纪	10.93	10.93		褐煤	70.00	3	8~20		0.84
云南	昭通	新近纪	80.55	59.00		褐煤	18~55		3~10		1.6
新疆		早、中侏罗世	49.58	9.72		长焰煤		2	45		
合计			1 473.55	342.52	69.91						

资料来源：根据《中国煤炭开发战略研究》（2009）整理改编。

偏煤田和内蒙古准格尔矿区。早中侏罗世、早白垩世和古近纪、新近纪的煤，多为低变质烟煤和褐煤，但厚度较大，常形成厚—巨厚煤层，可以划归露天开采。如，陕北神府，内蒙古西部东胜，内蒙古中部胜利，内蒙古东部伊敏、霍林河、宝日希勒、元宝山，新疆，云南小龙潭、昭通等矿区（或煤田）。因此，在我国可以划归露天开采的储量中，煤变质程度普遍较低，最高为气煤，最多是褐煤。

我国露天采煤发展缓慢，露天产量比重一直在10%以下，多数年份在5%以下，近年来只占3%～4%。而开采条件好的国家，露天开采比重在50%以上，有些开采条件差的国家也都超过了10%。相比之下，我国露天开采比重太低。

共伴生矿产种类多，资源潜力较大

我国含煤地层和煤层中的共生、伴生矿产种类很多。含煤地层中有高岭岩（土）、耐火黏土、铝土矿、膨润土、硅藻土、油页岩、石墨、硫铁矿、石膏、硬石膏、石英砂岩和煤成气等；煤层中除有煤层气（瓦斯）外，还有镓、锗、铀、钍、钒等微量元素和稀土金属元素；含煤地层的基底和盖层中有石灰岩、大理岩、岩盐、矿泉水和泥炭等，共30多种，分布广泛，储量丰富。有些矿种还是我国的优势资源。

——地学知识窗——

煤的共伴生矿产

煤层或含煤地层中往往除了煤还有其他类型矿产，比如油页岩、金属元素等等，这些矿产称为煤的共伴生矿产，可以分为煤的共生矿产和煤的伴生矿产。煤的共生矿产是在同一煤矿区内存在两种或多种符合工业指标，并具有小型以上规模（含小型）的矿产。伴生矿产是在矿床或矿体中与主矿、共生矿一起产出，在技术和经济上不具单独开采价值，但在开采和加工主要矿产时能同时合理开采、提取和利用的矿石、矿物或元素。

高岭石（土）在我国各主要聚煤期的含煤地层中几乎都有分布（图5–1），并且具有一定的工业价值。其中属石炭

图5–1　高岭石

纪—二叠纪最重要，矿层多，厚度大，品位高，质量好。代表性产地有山西大同、介休，山东新汶，河北唐山、易县，陕西蒲白和内蒙古准格尔等地的木节土；山西阳泉、河南焦作等地的软质黏土；安徽两淮、江西萍乡的焦宝石型高岭岩。此外，在东北、新疆和广东茂名等地的煤矿区也发现有高岭岩矿床赋存。矿床规模一般在数千万吨以上，有的达几亿至几十亿吨，属中型至特大型矿床。

我国所有的耐火黏土几乎全部产于含煤地层之中，已发现的产地多达254处，主要分布在山西、河南、河北、山东、贵州等省。到2013年底，资源总量在100亿t以上。其中，华北各煤田占86%。

膨润土矿床主要分布在东北和东南沿海各省及广西壮族自治区（图5–2），尤以吉林和广西的储量大、品质优、钠基膨润土所占比例大，是我国最重要的膨润土基地。全国31个大型膨润土矿床中，产于含煤地层中的有25个。赋存于含煤地层中的探明储量为8.88亿t，其中钠基膨润土在5亿t以上。

图5–2　膨润土

硅藻土矿床主要分布在吉林、黑龙江、山东、浙江、云南、四川、湖南、海南、广东、西藏、福建、山西等地（图5–3）。产出时代以古近纪为主，第四纪次之，多与褐煤共生。我国硅藻土储量超过22亿t，探明储量2.7亿t，其中含煤地层中储量占70.5%。

我国的油页岩多数与煤层和黏土矿共生（图5–4），主要成矿期也是历史上的

图5–3　硅藻土

图5–4　油页岩

图5-5 黄铁矿

图5-6 石膏

成煤期，在全国主要含煤省（自治区）几乎都有分布。截至1988年，共有产地62处，探明储量320.5亿t，保有储量314.6亿t，预测资源量7 277亿t，资源十分丰富。

我国工业硫源的67.6%来自黄铁矿（图5-5），而含煤地层中的共生黄铁矿占各类硫铁矿保有储量的33.9%。主要赋存在南方的上二叠统和北方的中石炭统，产地集中在南、北两大片：南方有四川、贵州、云南和湖北；北方有河南、河北、陕西和山西。据不完全统计，全国共有共生硫铁矿产地240处，保有储量（矿石量）34.6亿t，预测矿石量113.7亿t。另外，高硫煤层中的伴生黄铁矿也很丰富，全国国有重点煤矿已探明的高硫煤储量达111.9亿t，平均含硫量3.5%，其中，黄铁矿硫按55%计算，则共含有效硫2.15亿t，折合硫标矿6亿t以上。

我国石膏类矿的储量居世界首位（图5-6），已发现矿产地500多处，集中分布在山东、安徽、江苏、内蒙古、湖南、青海、湖北、宁夏、西藏和四川等省、自治区。到1991年末，全国保有储量达573.7亿t，其中含煤地层中或其上覆、下伏地层中储量达115.7亿t。

从以上所述可以看出，我国含煤地层中的共生、伴生矿产资源非常丰富，很有前景。我国煤矿开发利用共生、伴生矿产资源的条件十分优越。因为不少有益矿产都是以煤层夹矸或顶、底板出现的，有的虽然单独成层存在，但距煤层不很远，利用采煤的技术和设备，略加改造生产和运输系统，就可以随着采煤附带或单独开采出来。不但可以大量节省投资，充分利用矿产资源，而且可以延长煤矿的服务年限，是一项利国、利民、利矿的事业。因此，所有的煤炭开发企业都必须研究分析本矿区的资源特点，有条件的应加快开发利用步伐，走以煤为本、综合开发、多矿种经营的路子，这是提高煤矿经济效益的必由之路。

中国煤炭资源量

根据第三次全国煤田预测资料，除台湾省外，我国垂深2 000 m以浅的煤炭资源总量为55 697.49亿t，其中探明保有资源量10 176.45亿t，预测资源量45 521.04亿t。在探明保有资源量中，生产、在建井占用资源量1 916.04亿t，尚未利用资源量8 260.41亿t。

以昆仑—秦岭—大别山一线为界，我国煤炭资源主要分布于其以北省区，其煤炭资源量之和为51 842.82亿t，占全国煤炭资源总量的93.08%；其余各省煤炭资源量之和为3 854.67亿t，仅占全国煤炭资源总量的6.98%。在昆仑—秦岭—大别山以北地区，探明保有资源量占全国探明保有资源量的90%以上；而这一线以南，探明保有资源量不足全国探明保有资源量的10%。显然，我国煤炭资源在地域分布上存在北多南少的特点。我国煤炭资源还主要分布于大兴安岭—太行山—雪峰山以西地区。大致这一线以西的内蒙古、山西、四川、贵州等11个省区，煤炭资源量为51 145.71亿t，占全国煤炭资源总量的91.83%。这一线以西地区，探明保有资源量占全国探明保有资源量的89%；而这一线以东地区，探明保有资源量仅占全国探明保有资源量的11%。我国煤炭资源地域分布上北多南少、西多东少的特点，决定了我国的西煤东运、北煤南运的基本生产格局。

我国煤炭资源丰富，除上海以外其他各省区均有分布，但分布极不均衡。煤炭资源量最多的新疆维吾尔自治区，煤炭资源量多达19 193.53亿t，而煤炭资源量最少的浙江省仅为0.50亿t。我国煤炭资源量大于10 000亿t的有新疆、内蒙古两个自治区，其煤炭资源量之和为33 650.09亿t，占全国煤炭资源量的60.42%；探明保有资源量之和为3 362.35亿t，占全国探明保有资源量的33.04%。我国煤炭资源量大于1 000亿t以上的省区包括新疆、内蒙古、山西、陕西、河南、宁夏、甘肃、贵州等8个省区，煤炭资源量之和50 750.83亿t，占全国煤炭资源总量的91.12%；这8个省区探明保有资源量之和为8 566.24亿t，占全国探明保有资源量的84.18%。我国煤炭资源量在500亿t以上的有12个省区，这12个省区是1 000亿t的8个省区加安徽、云南、河北、山东4省，其煤炭资源量之和为53 773.78亿t，占全国煤炭资源总量的96.55%；这12个省区探明保有资源量之和为9 533.22亿t，占探明保有资源量的93.68%。除台湾省外，煤炭资源量小于500亿t的17个省区煤炭资源量之和仅为1 929.71亿t，仅占全国煤炭资源量的3.45%；探明保有资源量仅为643.23亿t，仅占全国探明保有资源量的6.32%。

在我国北方的大兴安岭—太行山、贺兰山之间的地区，地理范围包括煤炭资源量大于1 000亿t以上的内蒙古、山西、陕西、宁夏、甘肃、河南6省区的全部或大部，是我国煤炭资源集中分布的地区，其资源量占全国煤炭资源量的50%左右，占我国北方地区煤炭资源量的55%以上。而这一地区探明保有资源量占我国北方探明保有资源量的65%左右。显然，这一地区不仅煤炭资源丰富，煤质优良，而且地理位置距我国东部、东南部缺煤地区相对较近，是我国最重要的煤炭工业基地。

在我国南方，煤炭资源主要集中于贵州、云南、四川三省，这三省煤炭资源量之和为3 525.74亿t，占我国南方煤炭资源量的91.47%；探明保有资源量也占我国南方探明保有资源量的90%以上。特别是贵州西部、四川南部和云南东部地区，是我国南方煤炭资源最为丰富的地区。显然，这一地区是我国南方最重要的煤炭工业基地。

在我国，褐煤资源量为3194.38亿t，占我国煤炭资源总量的5.74%；褐煤探明保有资源量为1 291.32亿t，占全国探明保有资源量的12.69%；主要分布于内蒙古东部、黑龙江东部和云南东部。低变质烟煤（长焰煤、不黏煤、弱黏煤）资源量为28 535.85亿t，占全国煤炭资源总量的51.23%；低变质烟煤探明保有资源量为4 320.75亿t，占全国探明保有资源量的42.46%；主要分布于我国新疆、陕西、内蒙古、宁夏等省区，甘肃、辽宁、河北、黑龙江、河南等省低变质烟煤资源也比较丰富。成煤时代以早、中侏罗世为主，其次是早白垩世、石炭二叠纪。中变质烟煤（气煤、肥煤、焦煤和瘦煤）资源量为15 993.22亿t，占全国煤炭资源总量的28.71%；中变质烟煤探明保有资源量为2 807.69亿t，占全国探明保有资源量的27.59%；我国中变质烟煤主要分布于华北石炭二叠纪和华南二叠纪含煤地层中。在中变质烟煤煤中，气煤资源量为10 709.69亿t，占全国煤炭资源总量的19.23%；气煤探明保有资源量为1 317.31亿t，占全国探明保有资源量的12.94%；焦煤资源量为2 640.21亿t，占全国煤炭资源总量的4.74%；焦煤探明保有资源量为682.92亿t，占全国探明保有资源量的6.71%。高变质煤资源量为7 967.73亿t，占我国煤炭资源总量的14.31%；高变质煤探明保有资源量为1 756.43亿t，占全国探明保有资源量的17.26%；高变质煤主要分布于山西、贵州和四川南部。

中国典型煤炭基地

中国的含煤盆地

中国含煤地层的时间分布与全球主要聚煤期基本一致。聚煤作用较强的时期是：早寒武世、早石炭世、晚石炭世—早二叠世、晚二叠世、晚三叠世、早—中侏罗世、早白垩世、古近纪。在这8个聚煤期中，早寒武世属于菌藻植物时代，主要为低等植物形成的腐泥煤，其余7个聚煤期均为高等植物形成的腐植煤。在上述的聚煤期中，有4个最主要的成煤期，即广泛分布在华北一带的晚石炭世—早二叠世聚煤期，广泛分布在南方各省的晚二叠世聚煤期，广泛分布在华北西部、西北地区的早—中侏罗世聚煤期，以及广泛分布在东北地区、内蒙古东部的早白垩世聚煤期，它们所赋存的煤炭资源量分别占中国煤炭资源总量的26%、5%、60%和7%，合计占总资源量的98%。

我国煤盆地分布广泛，构造特征丰富多彩，但大小、储量相差悬殊，大部分已成为剥蚀残余盆地，多数盆地现已面目全非。不少古盆地现在成为绵延的山地或高原（如华北、华南、鄂尔多斯等盆地），煤系多被肢解分离，不少地域的煤系被剥蚀殆尽；有些现在呈分离状态的盆地或盆地群，原来也可能为一个统一的沉积盆地。

在世界主要聚煤时代形成的煤盆地，我国皆有代表，即石炭纪、二叠纪、侏罗纪（我国以早—中侏罗世为主）、白垩纪（我国以早白垩世为主）和古近纪、新近纪。目前圈定的主要盆地、盆地群有40余个，总面积（不包括叠加面积）约300万km^2。从聚煤时代来看，以早—中侏罗世、石炭—二叠纪盆地聚煤丰富，次为早白垩世、古近纪、新近纪，晚三叠世最少。

按面积划分，巨型（>100万km^2）的盆地只有华北、华南这两个石炭—二叠纪盆地；大型（10万~100万km^2）盆地主要出现于早—中侏罗世，如鄂尔多斯、塔北盆地，晚三叠世四川盆地面积也达23万km^2。我国多数为中型（1万~10万km^2）和小型（<1万km^2）盆地，以早—中侏罗世、古近纪、新近纪为主。盆地群集中出现于侏罗纪、白垩纪、古近纪、新近纪，以海拉尔—二连、滇东、滇西展布面积较大。

中国的主要煤炭基地

中国煤炭资源非常丰富，勘探开发也如火如荼。随着社会发展对能源的需求量越来越大，我国建立了多个煤炭能源基地，成为我国煤炭生产的主要阵地（表5-2）。目前，我国有13个亿吨级煤炭能源基地，还有一大批产量小一些的基地。

神东亿吨级煤炭生产基地

神东基地位于鄂尔多斯盆地北部，以

表5-2 我国大型煤炭基地及其所辖矿区一览表

煤炭基地	主要矿区
神东基地	神东、万利、准格尔、包头、乌海、府谷矿区
晋北基地	大同、平朔、朔南、轩岗、河保偏、岚县矿区
晋中基地	西山、东山、汾西、霍州、离柳、乡宁、霍东、石隰（xí）矿区
晋东基地	晋城、潞安、阳泉、武夏矿区
蒙东基地	扎赉诺尔、宝日希勒、伊敏、大雁、霍林河、平庄、白音华、胜利、阜新、铁法、沈阳、抚顺、鸡西、七台河、双鸭山、鹤岗矿区
两淮基地	淮南、淮北矿区
云贵基地	盘县、普兴、水城、六枝、织纳、黔北、老厂、小龙潭、昭通、镇雄、恩洪、筠连、古叙矿区
冀中基地	峰峰、邯郸、邢台、井陉、开滦、蔚县、宣化下花园、张家口北部、平原大型煤田
鲁西基地	兖州、济宁、新汶、枣滕、龙口、淄博、肥城、巨野、黄河北矿区
河南基地	鹤壁、焦作、义马、郑州、平顶山、永夏矿区
陕北基地	榆神、榆横矿区
宁东基地	石嘴山、石炭笋、灵武、鸳鸯湖、横城、韦州、马家滩、积家井、萌城矿区
黄陇基地	彬长（含永陇）、黄陵、旬耀、铜川、蒲白、澄合、韩城、华亭矿区

神府、东胜矿区为主。1984年发现的神府煤田位于陕西榆林，面积约2.6万 km^2，煤矿储量达1 349.4亿t，其与内蒙古东胜煤田连为一体，是我国规模较大的优质造气动力煤田。东胜煤田位于内蒙古自治区鄂尔多斯市境内，面积12 860 km^2，探明储量2 236亿t，是我国已探明储量最大的整装煤田，占全国已探明储量的1/4，属世界八大煤田之一。神府—东胜煤田的煤为世界少见的优质动力煤，尤以煤田南部出产为最佳。2005年神华集团神东分公司原煤产量突破1亿t，成为全国第一个亿吨级安全高效绿色煤炭基地。此举树起了中国煤炭工业发展史上的丰碑。在亿吨煤炭基地规划中，神东煤田地区占到8个矿区，分别是神东矿区、神府新民矿区、榆神矿区、榆横矿区、渭北矿区、彬长矿区、宁东矿区、平朔矿区。

晋北亿吨级动力煤生产基地

晋北基地是我国特大型动力煤基地，位于山西省省会太原市以北地区，包括大同市、朔州市、忻州市、太原市、娄烦县、吕梁市和岚县，由大同、平朔、朔南、轩岗、河保偏和岚县等6个矿区组成。这里动力煤资源丰富，又位于“西电东送”北通道中枢位置，正在推进由动力煤基地向煤电基地转变。

平朔矿区是晋北基地的主要矿区，生产优质动力煤，拥有煤炭资源总量近95亿t。平朔矿区现有安太堡和安家岭两个露天矿以及安家岭一号、二号两个井工矿，在建的有安太堡井工矿，还在筹建的有东露天煤矿（图5–7）。

——地学知识窗——

矿床

矿床指地表或地壳里由于地质作用形成并在现有条件下可以开采和利用的矿物的集合体。一个矿床至少由一个矿或多个矿体组成、是由地质作用形成的、有开采利用价值的有用矿物的聚集地。

图5–7　安太堡露天煤矿

大同市矿藏资源丰富，是我国著名的“煤乡”。煤炭储量大、质量好、热值高，已探明的煤炭总储量达376.9亿t，是我国重要的优质动力煤生产基地。大同矿区位于大同市西南，矿区含煤面积约1 827 km²，保有探明储量386.43亿t，矿区现有生产煤矿55处，设计总规模4 500万t/a。

晋中亿吨级煤炭基地

晋中基地地处山西省中部及中西部，跨太原、吕梁、晋中、临汾、长治、运城6个市的31个县域，包括太原西山、东山、汾西、霍州、离柳、乡宁、霍东、石隰矿区，煤炭可采储量192亿t。

西山矿区（图5-8）位于西山煤田西北部，分为前山区和后山区两部分，可利用储量65.2亿t。

汾西矿业集团公司的前身是汾西矿务局，成立于1956年1月。矿区横跨霍西、河东、西山、沁水四大煤田，井田面积625 km²，地质储量58亿t。

霍州矿务局位于山西省中南部临汾盆地北端，地处霍西煤田中部，矿区总面积为700 km²，地质储量65亿t。

晋东亿吨级无烟煤生产基地

晋东基地是我国最大和最重要的优质无烟煤生产基地，位于山西阳泉、长治、晋城和晋中等市县境内，由晋城、

图5-8　太原西山煤矿

潞安、阳泉和武夏等4个矿区组成（图5-9）。这里地理位置优越，煤层气资源丰富，水资源充沛，化工用无烟煤质量优良，发展清洁能源，以煤、电、气、化为一体的晋东基地正在形成。

晋城矿区位于山西省沁水煤田南端，南起煤层露头线，北界为高平市南缘马村、河西一线，矿区面积约280 km^2。

阳泉具有丰富的煤炭资源，井田含煤面积1 051 km^2，已探明地质储量104亿t，其中地方煤矿井田面积约340 km^2。

图5-9 山西潞安集团

蒙东亿吨级煤炭生产基地

内蒙古东部的呼伦贝尔市、通辽市、赤峰市、兴安盟和锡林郭勒盟，合称蒙东地区，总面积66.49万km^2，煤炭资源丰富，探明储量为909.6亿t。在全国五大露天煤矿中，伊敏、霍林河、元宝山三大露天煤矿处于蒙东地区。仅呼伦贝尔市煤炭探明储量就是东三省总和的1.8倍。伊敏煤田于1959年发现，北距呼伦贝尔市海拉尔区85 km，面积35 000 km^2，探明煤炭储量50亿吨。霍林河煤田（图5-10）位于内蒙古自治区通辽市扎鲁特旗境内，面积540 km^2，保有储量131亿t。元

图5-10 霍林河露天矿

宝山煤田位于内蒙古自治区赤峰市东南部，面积约612 km^2，煤炭保有储量16亿t。

两淮亿吨级大型煤电基地

2008年12月5日，国家发展改革委、国家能源局在安徽淮南举行两淮亿吨级大型煤电基地竣工投产仪式，这是国家规划建设的13个大型煤炭基地中首个正式建成投产的基地。两淮大型煤电基地建成投产后，对促进皖北地区经济发展，缓解上海、浙江等地区高速增长的能源需求，保障区域能源安全，具有十分重要的意义。

两淮基地包括淮南、淮北矿区（图5–11），这个基地探明煤炭储量近300亿t。其中，淮南是不折不扣的“煤的世界”，远景储量444亿t，探明储量153亿t。按照规划，到2010年，该地区煤炭年产量达1亿t，形成1 000万kW的火电装机容量。到2020年，煤炭年产量达1.5亿t，火电装机容量将超过三峡电站1 800万kW的规划装机容量，达2 000万kW。

淮北矿区位于安徽省北部，面积约9 600 km^2，含煤面积约4 100 km^2，探明储量98亿t，现有生产矿井23处，总设计能力为1 932万t/a。

云贵亿吨级煤炭生产基地

云、贵两省是我国南方重要的煤炭生产基地，煤炭资源是两省的一大优势，但长期受“以运定产”的生产销售方式困扰，煤炭生产受到极大限制。贵州省已经初步探明南、北盘江腹地煤炭储量达330亿t，其中可就近通过水运的煤炭储量达到92亿t。云南省的文山、红河两州煤炭储量超过50亿t。特别是贵州，为担起“西电东送”的重任，建设大型煤炭基地是必备条件。

图5–11　淮南顾桥煤矿

云南省规划到2010年建成三大煤电基地和五大煤炭生产基地，形成三块一片的煤炭生产格局，全省形成20户以上百万吨级生产能力的煤炭企业（图5-12）。

冀中亿吨级煤炭基地

冀中地区探明能源煤炭储量达到150亿t，可采储量20亿t以上，包括开滦（图5-13）、峰峰和蔚县矿区。

河北金牛能源集团于2005年12月由邢台矿业集团、邯郸矿业集团联合重组而成，后又兼并重组了井陉矿务局、中煤河北煤炭四处。现辖有金牛能源股份公司、邢矿集团公司、邯矿集团公司、张矿集团公司、井矿集团公司、机械装备集团公司共6个子公司，拥有河北邢台、邯郸、井陉、张家口和山西晋中5个矿区21座生产矿井，企业煤炭生产规模2 200万t/a，年销售收入150亿元。

图5-12　白龙山煤矿

图5-13　开滦煤矿

峰峰煤矿的开采利用至今已有130年的历史。1949年9月成立峰峰矿务局，1977年跃升为全国十大千万吨级矿务局之一，成为我国重要的主焦煤和动力煤生产基地。

鲁西亿吨级煤炭基地

鲁西基地范围覆盖兖州、济宁、新汶、枣滕、龙口、淄博、肥城、巨野、黄河北等9个矿区。据了解，这些矿区探明煤炭储量超过160亿t。

兖州矿区于1966年开发建设，1976年成立兖州矿务局，1996年整体改制为国有独资公司，1999年5月成立兖矿集团。拥有兖州和济宁东部两块煤田，矿区总面积435.44 km^2。截至2007年末，资源储量为36.6亿t。可采储量17.7亿t。

新汶矿业集团的前身为新汶矿务局，建企于1956年，1998年3月改制为国有独资公司，2000年7月成立新汶矿业集团。现有煤炭生产矿井10个、在建矿井

4个，设计能力810万t/a，核定生产能力935万t/a 实际年产原煤1 400万t。

图5-14 巨野新巨龙煤矿

巨野矿区（图5-14）包括巨野煤田和梁宝寺煤田，含煤面积1 210 km²，总地质储量55.7亿t。其中巨野煤田南北长80 km，东西宽12 km，面积960 km²，地质储量48.7亿t，主要可采煤层为3煤层，地质储量38.15亿t。

河南亿吨级煤炭基地

河南省是我国主要产煤大省，全省2 000 m以上已探明的煤炭资源储量为1 130亿t，保有储量为245亿t。新中国成立以来，河南省煤炭产量一直居全国前列，年产量约占全国产量的10%，60多年来共生产煤炭近30亿t。由鹤壁、焦作、义马、郑州、平顶山、永夏6个矿区组成的河南煤炭基地，已列入国家发展改革委大型煤炭基地建设规划，豫西基地探明煤炭储量达200亿t。

鹤壁矿区（图5-15）面积150 km²，目前煤炭资源累计探明储量13.41亿t，保有储量10.88亿t，可采储量4.74亿t。

焦作煤业集团的前身是焦作矿务局，是全国主要无烟煤生产基地之一，已有百年的煤炭开采历史，1999年5月改制为有限责任公司。焦作矿区东西长60 km，南北宽20 km，含煤面积971 km²，预测煤炭储量80亿t。

平顶山矿区位于河南省中部京广和焦枝铁路干线之间，初步勘探表明在东西长达120 km、南北宽达20 km的范围内煤炭储量超过100亿t；400多年前已有人在

图5-15 鹤壁煤矿

这里剥土挖煤；1949年以前只有几个人力开采的小煤窑；1955年开始建设新井，到1960年建成投产矿井7处，设计能力501万t；1975年超过了1 000万t；1991年有生产矿井14处，产原煤1 689万t。

陕北亿吨级煤炭基地

位于黄土高原的陕北地区是我国重要的煤炭基地，榆神、榆横矿区隶属于国家13个大型煤炭陕北基地之一的陕北基地。1996年陕西煤田地质局一八五队就已开始对榆神矿区进行详查。

榆神矿区位于神府矿区南部，面积为5 500 km^2，探明储量301亿t，矿区可采煤层13层，其中主要可采煤层4层，主采煤层厚度平均为10 m，最厚可达12 m。榆神矿区是国内外罕见的可建设特大型现代化矿区的、条件优越的地区之一（图5-16）。

宁东能源重化工基地

宁东能源重化工基地（图5-17）位于银川东部的灵武，该区域优质无烟煤储量达273亿t。宁东能源重化工基地规划区面积645 km^2，主要包括鸳鸯湖、灵武、横城三个矿区，石沟驿井田和煤化工项目区，远景规划面积约2 855 km^2。宁东基地也是宁夏回族自治区最重要的能源建设项目。

宁夏以新建宁东煤田为基础，建设宁东能源重化工基地，项目计划实施周期15年，预计总投资2 055亿元。宁东能源重化工基地，是大力发展和推广洁净煤技术以煤代油的产业，也是宁夏落实国家“西电东送”战略方案的重大举措。经初步测算，到2010年、2020年将给宁夏分别新增工业增加值136.7亿元、297.6亿元，同时，分别拉动其他部门新增增加值

图5-16　神木圪柳沟煤矿

图5-17　神华宁煤集团宁东煤化工基地

305.7亿元、897.39亿元，在经济上相当于再造一个新宁夏。正在建设的宁东煤田煤炭探明储量270多亿吨，占宁夏煤炭资源总量的85%。按规划，至2010年宁东能源重化工基地初步建成后将形成火电装机容量1 500万kW、年产煤炭间接液化产品1 000万t、年产煤基二甲醚200万t和年产甲醇170万t的生产能力。

黄陇亿吨级煤炭基地

黄陇基地包括彬长（含永陇）（图5-18）、黄陵、旬耀、铜川、蒲白、澄合、韩城、华亭矿区。陕西黄陵、甘肃华亭等相近矿区有探明储量近150亿t，具备建设大型煤炭基地的条件。

黄陵矿区煤炭储量丰富，煤田总面积1 000 km^2，地质储量20亿t，可采储量15亿t，地质构造简单，埋藏较浅，开采方便。华亭矿区作为黄陇基地的重要组成部分，已形成了2 000万t/a的煤炭生产能力。

这13个大型煤炭基地的发展方向和重点分别是：神东、晋北、晋中、晋东、陕北大型煤炭基地主要负担向华东、华北、东北供给煤炭，并作为“西电东送”北通道电煤基地。冀中、河南、鲁西、两淮基地负担向京津冀、中南、华东供给煤炭。蒙东（东北）基地负担向东三省和内蒙古东部供给煤炭。云贵基地负担向西南、中南供给煤炭，并作为“西电东送”南通道电煤基地。黄陇（华亭）、宁东基地负担向西北、华东、中南供给煤炭。

图5-18　彬长矿区大佛寺煤矿

Part 6 山东煤炭资源鸟瞰

山东省的煤炭资源具有储量较多、赋存条件较好、品种多样、煤质优良的特点。

山东省绝大多数煤炭分布在鲁西地区。山东省的煤大都形成于石炭—二叠纪，广泛分布于鲁西地区；少量煤形成于早侏罗世，主要分布在潍坊坊子地区；也有少量煤发育于古近纪，主要分布于烟台龙口、潍坊五图等地。

山东省的煤类主要为气煤、肥煤，其次为褐煤、长焰煤、无烟煤、焦煤、瘦煤和天然焦等，煤种较齐全，煤质也好。气煤主要分布在山东南部及中部地区；肥煤主要分布在寿光、昌邑地区；气肥煤则主要分布在鲁西北地区。

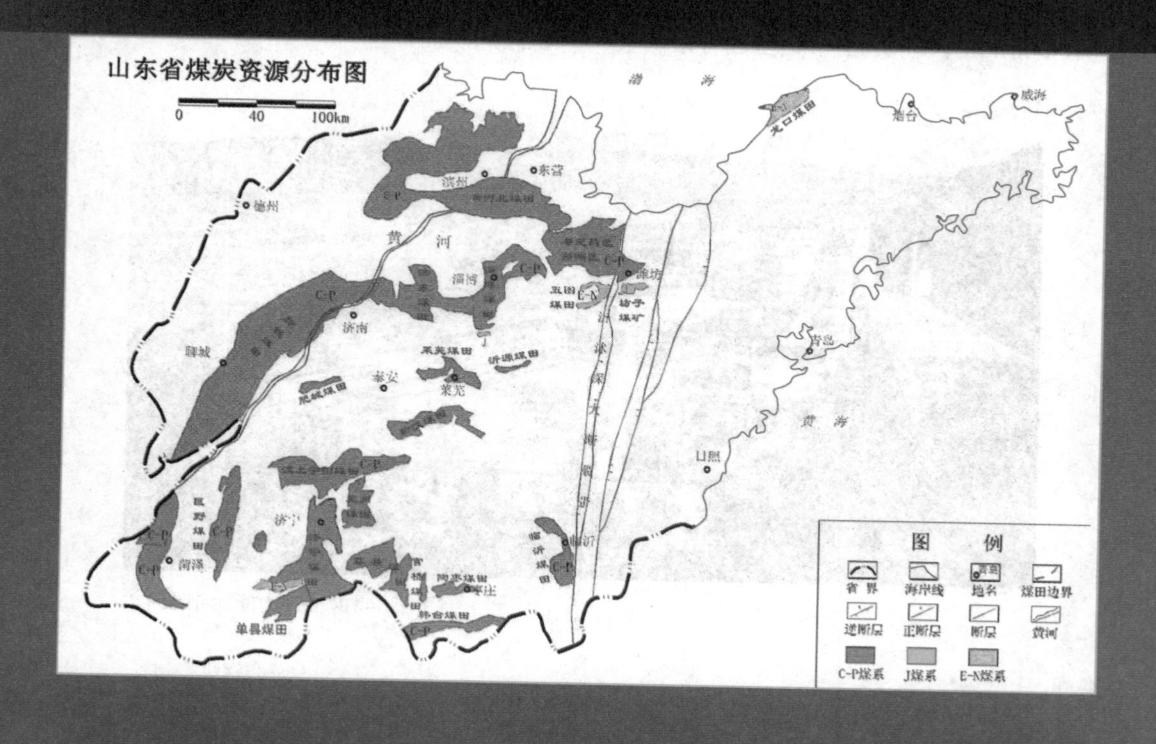

山东省煤炭资源分布图

山东煤炭资源分布

山东省的煤炭资源比较丰富。全省面积15.79 万km^2，含煤面积4.84 万km^2，其中鲁西地区占97.5%（主要集中于鲁西南，其次是鲁中、胶济铁路沿线及济南以西的黄河两岸），鲁东地区占2.5%。山东省的煤炭资源具有储量较多、赋存条件较好、品种多样、煤质优良的优势。

石炭—二叠纪煤系

总厚约810 m，广泛分布于鲁西，是山东主要含煤地层。石炭系为海陆交互相沉积，二叠系为陆相沉积。由老到新有：

中石炭世本溪组

厚30~50 m，底部为一层铁铝质岩，其上为紫色及灰色泥岩和黏土岩，含石灰岩2～4层，薄煤1～3层。除济东煤田12、13煤局部偶达可采外，余者均无工业价值。

晚石炭世太原组

为主要含煤地层之一。厚170 m左右，由灰—灰黑色泥岩、粉砂岩及灰、灰白色中—细粒砂岩等组成。含灰岩4～11层、煤8～20层。北部和中部含煤性较好，含可采煤5～8层，总厚2.50～8.00 m；南部含可采煤3～6层，总厚2～4 m。灰岩和煤层层数，由北向南增多，但煤厚渐薄。

早二叠世山西组

为主要含煤地层之一。厚约90 m。由灰—灰白色砂岩和灰—灰黑色粉砂岩、泥岩组成。含煤3～6层，其中可采1～4层，总厚2～10 m。以鲁西南、鲁中煤层发育最好。

二叠纪石盒子组及凤凰山组

厚约500 m。主要由紫、灰绿、灰白色中、粗粒砂岩和杂色泥岩、黏土岩组成。一般残留厚250 m左右，含铝土岩1～2层，仅南部含不可采薄煤1～4层。

早—中侏罗世坊子组煤系

为主要含煤地层之一。厚370 m，含煤1～3层。为陆相砂、泥岩建造。分布局限，主要赋存在坊子煤田，含可采煤3层，厚4～6 m。此外，章丘、淄博煤田也有零星分布。

古近纪黄县组（五图组）煤系

为主要含煤地层之一，主要分布于龙口（旧称黄县）、五图等地。厚120~170 m，由紫、灰绿、灰色砂岩、泥岩、黏土岩组成，夹泥灰岩、钙质泥岩，含煤1～4层（组），一般可采厚3~8 m，伴生有工业价值的油页岩。

山东煤炭资源特征

煤质特征

鲁中及鲁西地区石炭—二叠系的煤层灰分含量相对较低，大部分在20%以下；上组煤（3煤层）形成于山西组地层环境之中，硫分相对较低；下组煤（太原组）形成于海相环境之中，硫分相对较高。鲁中地区存在着中生代的煤，灰分相对较高，都在25%以上，最高可达45%；硫分变化较大，总体上在1%以上，属于高硫煤；挥发分相对较低，在10%以下，煤质相对较差。鲁中及鲁东地区存在着古近纪的煤层，灰分含量变化很大，在7%~40%；硫分相对较低，挥发分相对较高，可达48%以上，煤质相对较差。

煤类特征与分布

山东省的煤种主要为气煤、肥煤，其次为褐煤、长焰煤、无烟煤、焦煤、瘦煤和天然焦等，煤种较齐全，煤质也好（图6-1）。其中，气煤主要分布在山东南部及中部地区，即莱芜煤田、肥城煤田、新汶煤田、济宁煤田、兖州煤田、巨野煤田、滕县（今滕州市）煤田等；肥煤主要分布在寿光、昌邑地区，少量分布在枣庄地区；气肥煤则主要分布在鲁西北地区，如黄河北煤田以及聊城煤田；淄博煤田则主要以焦煤为主；济东煤田区域主要发育贫煤；鲁东地区如龙口煤田区域则主要发育褐煤；韩台煤田区域发育天然焦。煤的变质作用主要属于区域变质，部分地区接触变质作用明显，煤种一般与地层时代、岩浆岩有关。

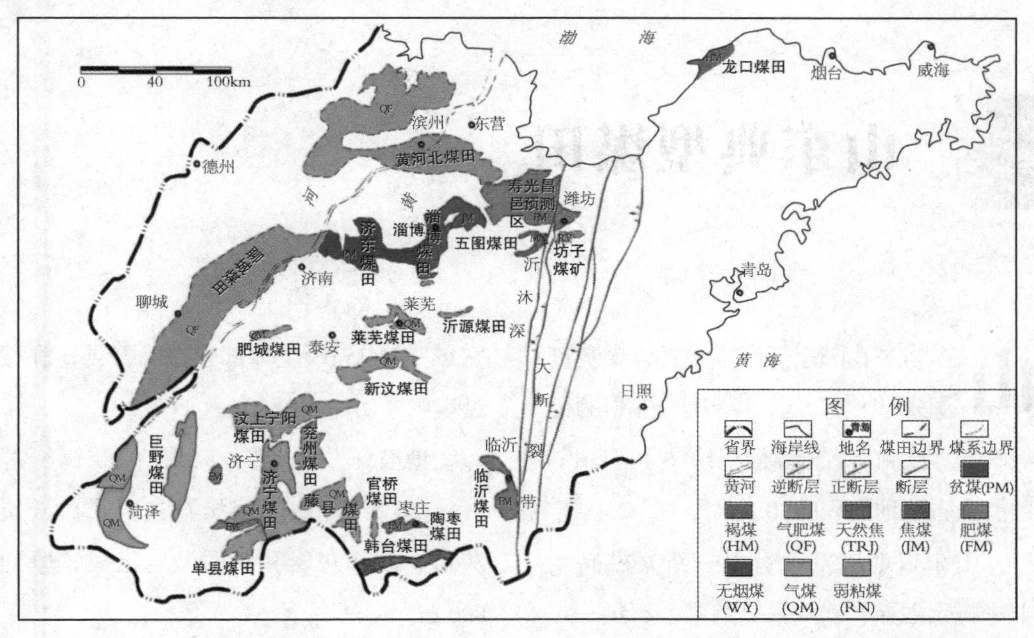

图6-1　山东省陆域煤类分布图

山东煤炭资源概况

山东省的煤炭资源分布广泛，资源总量大，在我国东部属丰富省区之一。截至2002年底，已探明和开发煤田及零星含煤区总面积约6 900 km²，累计探明储量约305亿t；预测含煤区面积约9 500 km²，预测资源量约400亿t；埋深2 000 m以内含煤面积约16 400 km^2，煤炭资源总量约696亿t。

山东省的煤炭资源绝大部分分布在二叠系，煤炭储量约占全省煤炭资源量的94.1%；早—中侏罗世的煤炭资源仅占0.3%，古近系的煤炭资源占5.6%。

山东典型煤田

山东省是我国东部产煤大省，煤炭资源分布比较广泛，煤炭是山东省的优势矿产。预测全省含煤面积约16 400 km^2，约占全省陆地面积的10.39%。

山东省地层发育有中—新太古界、中—新元古界、寒武—奥陶系、石炭—二叠—三叠系、侏罗—白垩系、古近系、新近系、第四系。其中，石炭—二叠系是山东省的主要成煤期，其次为早—中侏罗世淄博群坊子组和古近纪五图群李家崖组。

巨野煤田

巨野煤田属石炭—二叠系煤田，位于山东省西南部，行政区划属菏泽、济宁两市管辖，地跨嘉祥、巨野、郓城、成武等县。巨野煤田南北长20～80 km，东西宽12～44 km，主体部分在巨野县、郓城县境内（图6–2）。

地层

奥陶系 由厚层状石灰岩、白云质灰岩、泥质灰岩和钙质泥岩组成，厚约800 m。

晚石炭世本溪组 主要为紫色泥岩，底部为山西式铁矿和G层铝土岩，厚5.20～35.35 m。与下伏地层呈假整合接触。

石炭—二叠纪太原组 属海陆交互相沉积，厚139.60～174.50 m，平均159.76 m。厚度稳定，旋回明显，韵律清晰，含12层石灰岩和22层煤，各旋回具明显的岩性组合特征，易对比。由灰黑色泥岩、粉砂岩和浅灰色、中细粒砂岩及薄层石灰岩组成。地层总厚150～174 m，

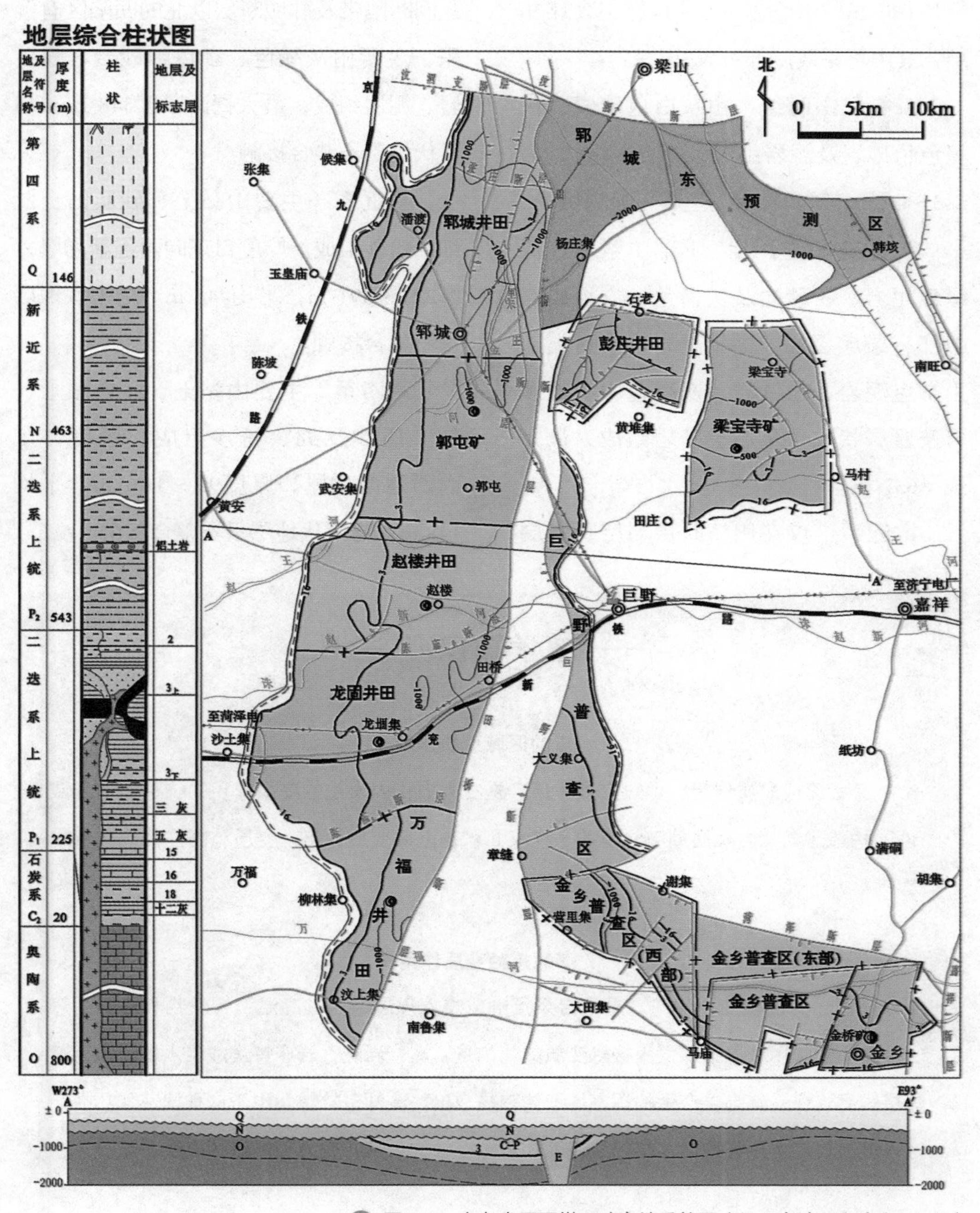

图6-2　山东省巨野煤田矿床地质简图（据山东煤田地质局，2012）

平均160 m，并含灰岩7～14层，含煤20层，其中可采及局部可采5层。

二叠纪山西组 由灰白色砂岩、灰黑色粉砂岩及泥岩组成，厚约65 m，含煤3～4层，其中3煤层为主要可采煤层。

二叠纪石盒子组 下部由紫色、灰绿色泥岩、粉砂岩及灰白色砂岩组成；中部有柴煤层位，夹铝土岩一层；上部由杂色泥岩、粉砂岩、灰绿色中细粒砂岩及厚层状灰白色石英砂岩组成，最大残厚657 m。

古近系 仅在田桥断层与巨野断层之间断陷带及郓城断层以北的凹陷区有沉积，主要由灰绿色、杂色细砂岩、粉砂岩、泥岩组成，最大揭露厚度348 m。与下伏地层不整合接触。

新近系 主要由黏土、砂质黏土及细、粉砂组成。厚度自东向西逐渐增厚，厚221～591 m，平均446 m。与下伏地层呈不整合接触。

第四系 主要由黏土、沙质黏土、黏土质沙及细、粉沙组成。厚度自东而西逐渐增厚，厚度92～186 m，平均148 m。与下伏地层呈不整合接触。

——地学知识窗——

煤的区域变质作用

又称深成变质作用、地热变质作用，是在大面积内发生的变质作用的统称，由区域性的构造运动和岩浆活动引起煤的一种大面积的区域变质作用，变质范围往往达数百或数千平方千米。

煤的接触变质作用

又称热力接触变质作用，是指岩浆接触或侵入煤层时因其高温、挥发物和压力使煤发生变质的作用。导致煤发生接触变质的，常是岩墙、岩脉、岩床等浅成侵入体，通常覆盖层较薄，煤受其高温产生的挥发性气体较易逸出，冷却也较快。由于这种快速加热在一定程度上与炼焦过程相似，与岩浆侵入体直接接触的煤常转变为天然焦和高变质煤。

构造

巨野煤田处于鲁西南地区，鲁西地区的上地壳一直保持着东部北西向延展、西部为东西向和南北向交叉的构造特点，这一面貌既与中地壳的起伏特征总体相似，又继承了地壳浅部的构造特征，在鲁西地区伸展构造体系中起到承上启下的作用，鲁西地区正是东西、北西及南北向多组断层基础上发育了多期次、多方向的伸展构造系统。该煤田位于嘉祥背斜南北倾伏端及巨野向斜内，褶曲轴呈北北东及近南北向。巨野向斜次一级宽缓褶曲发育，形成近南北向和北北东向相间排列的背、向斜。地层走向近南北，倾向东西，倾角5°~15°。北部稍陡，达20°以上。嘉祥背斜两端，地层走向向东回转、呈近东西向，倾向北南，倾角5°~14°。煤田内断层发育，主要有南北向、东西向及北东向断层组，绝大部分为高角度正断层。南北向断层组以巨野断层、田桥断层及嘉祥断层为代表，落差大、延展长、附生断层多；近东西向断层组以汶泗断层、凫山断层为代表，延展长、落差大。另有张庄断层、谷庄断层、郓城断层及大南断层，规模较小。北东向断层组落差较小、延展短。

岩浆岩

煤田内燕山晚期岩浆活动，以早期形成的区域性大断裂为通道侵入煤系，呈岩床、岩脉产出。主要岩性有闪斜煌斑岩、闪长玢岩等，岩浆岩对煤层、煤质影响较大。北部及中部下组煤破坏严重；3煤层北部遭破坏，南部也受影响。巨野西区中南部，3煤层出现大片肥煤，其成因为深成变质作用与岩浆活动热源叠加所致。凡有岩浆岩侵入的煤层，煤层结构变复杂，煤质变质程度增高，一般接近岩浆岩部位，部分变为天然焦和无烟煤，降低了经济价值。经中国科学院地质研究所对侵入3煤层的岩浆岩进行K-Ar法同位素地质年龄测定，属燕山晚期。据野外宏观及室内镜下鉴定，煤田内各地段、各层位岩浆岩的岩性、结构、构造及成分无大的差别，为同期岩浆活动的产物。

煤层

该煤田含煤地层为石炭—二叠纪月门沟群山西组和太原组，平均总厚225.71 m，含煤27层，其中山西组含煤5层，即1、2（$2_{上}$）、$2_{下}$、3（$3_{上}$）、$3_{下}$煤层，太原组含煤22层，即4、5、6、7、8、9、$10_{上}$、$10_{中}$、$10_{下}$、11、$12_{上}$、$12_{中}$、$12_{下}$、14、$15_{上}$、$15_{下}$、$16_{上}$、$16_{下}$、17、$18_{上}$、

18中、18下。煤层平均总厚度16.35 m，含煤系数7.0%。山西组3（3上）煤层为主要可采煤层，平均厚度5.38 m，占可采煤层总厚度的47%。巨野煤田各主要可采煤层的厚度、结构、稳定性及间距变化情况见表6–1。

煤质

山西组煤层主要以1/3焦煤、肥煤、气煤为主，局部为天然焦，个别点由于受岩浆热影响，分类指标变化异常为气肥煤、弱黏煤、瘦煤、无烟煤；太原组煤层主要以肥煤为主，次为气肥煤，个别点为1/3焦煤和天然焦。在平面上，3（3上）煤层局部被岩浆岩吞蚀，使煤类变得复杂，靠近岩浆岩处多出现天然焦区，依次为无烟煤、1/3焦煤、肥煤区。

勘探开发情况

巨野煤田历经找煤、普查、详查

表6–1　　巨野煤田可采及局部可采煤层特征一览表

煤层名称	煤层					夹石	
	全区厚度(m) 两极值 平均值	结构	稳定性	可采性	层间距(m) 两极值 平均值	层数	主要岩性
2	0～1.43	简单	不稳定	局部可采	14.82～38.25	0~1	泥岩
	0.74				26.59		
3（3上）	0～11.36	简单—复杂	较稳定	大部可采	0.78～45.68	0～3	泥岩、炭质泥岩
	5.38						
3下	0～7.45	简单—中等	较稳定	大部可采	12.88	0～2	泥岩
	2.26				26.47～60.95		
6	0～0.92	简单—中等	不稳定		37.51	0～2	泥岩、粉砂岩
	0.68				48.53～75.59		
12下	0～1.32	简单	不稳定	局部可采	58.86	0～1	泥岩
	0.76				11.45～24.59		
15上	0～1.07	简单	不稳定		17.36	0～1	泥岩
	0.67				19.21～51.49		
16上	0～2.23	简单	不稳定	大部可采	26.17	0～1	泥岩、炭质泥岩
	0.81				2.63～18.99		
16（16下）	0～1.13	简单	较稳定	局部可采	5.89	0～1	炭质泥岩
	0.69				0.33～7.03		
17	0～1.80	简单	较稳定	大部可采	2.26	0～1	泥岩
	0.61				6.90～22.75		
18中	0～2.57	简单—中等	不稳定	局部可采	11.81	0～2	泥岩、炭质泥岩
	0.73						

后，于2001年由济南煤矿设计研究院编制了《巨野矿区总体开发规划》，2002年8月国家计委批复，将巨野煤田（**主体部分5对矿井+彭庄、梁宝寺两个矿井，不含龙祥、开河两井田**）共规划7对矿井，设计生产能力1 800万t。后来，随着龙祥、开河两井田勘探完成，规划这两对矿井设计能力各为45万t。至此，巨野煤田共规划9对矿井，总设计能力1 890万t。

滕县煤田

滕县煤田属石炭—二叠纪煤田，位于山东省西南部，行政区划属枣庄、济宁两市管辖，地跨滕州市、鱼台县、微山县，主体部分在滕州市境内。北以凫山断层为界，南至煤系基底奥陶系，东

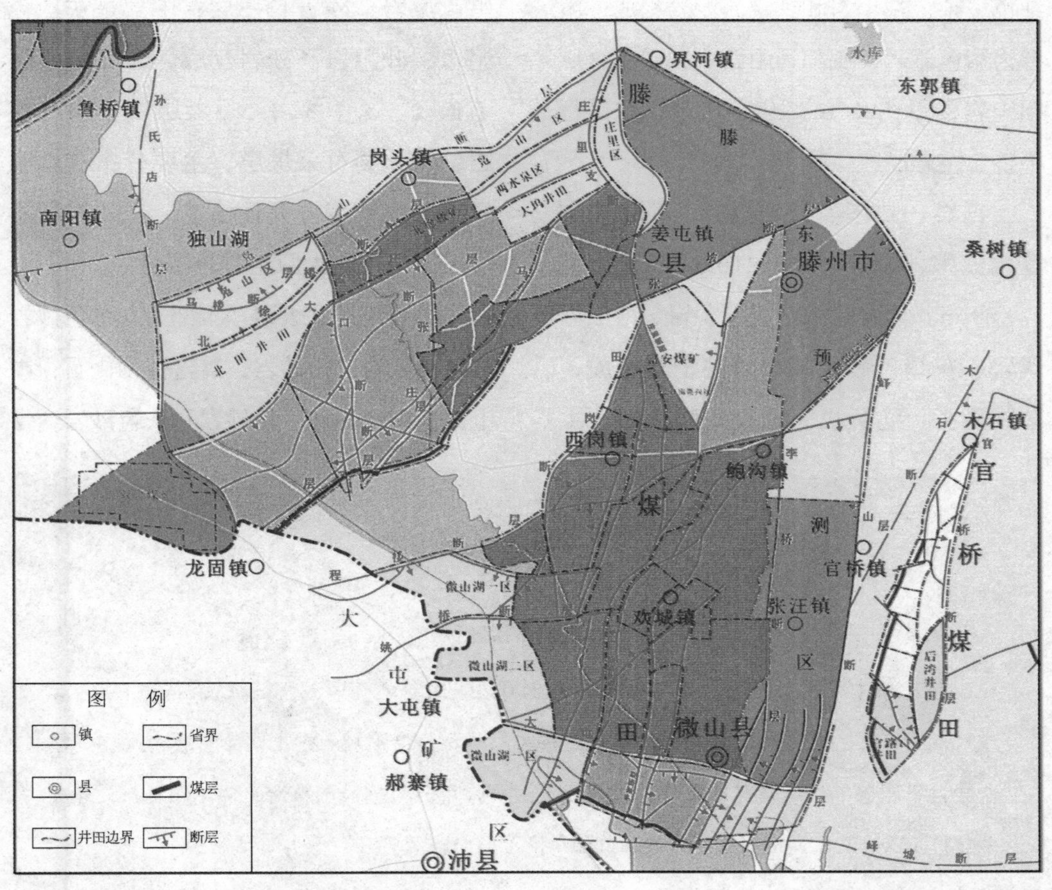

图6-3 山东省滕县煤田矿床地质简图

起峄山断层，西至孙氏店断层，南北长17～51 km，东西宽15～46 km，面积约1 426 km^2（图6–3）。

地层

奥陶系 由厚层状石灰岩、白云质灰岩、泥质灰岩和钙质泥岩组成，厚约800 m。

石炭纪本溪组 主要由灰绿色、紫红色、杂色黏土岩和铁铝质泥岩组成，主要为紫色泥岩，底部为山西式铁矿和G层铝土岩，厚约20 m，与下伏地层呈平行不整合接触。

石炭—二叠纪太原组 属海陆交互相沉积，厚141.97～210.51 m，平均179.28 m。其岩性由深灰色泥岩、薄层石灰岩、灰绿色砂岩和少量黏土岩组成，含腕足类、纺锤虫、珊瑚动物化石。主要含煤地层之一，含薄煤17层（4～18煤层），含石灰岩15层，灰岩中第3、5、9、$10_{下}$、14层石灰岩在核查区内层位、厚度较稳定，是重要的标志层。

二叠纪山西组 属陆相沉积，厚度72.00～142.75 m，平均110.32 m，上部以杂色黏土岩、泥岩为主，间夹灰—灰绿色薄层中、细粒砂岩4～5层；中部为灰黑色泥岩、砂岩4～5层；下部是灰黑色泥岩、砂泥岩及砂岩互层。含煤2～4层（1、2、$3_{上}$、$3_{下}$），3煤层属于中厚煤层，为主要可采煤层，主要分布在本组的下部，厚度较大且稳定，1、2煤层不可采。与下伏太原组整合接触。

二叠纪石盒子组 下部为灰绿色砂岩和杂色泥岩、粉砂岩，富含植物化石；中上部为杂色泥岩、粉砂岩和灰色砂岩，含

——地学知识窗——

不整合接触

这是描述不同时代地层接触关系的专业用语。由于地壳运动，往往使沉积中断，形成时代不连续的两套岩层叠加在一起，这种关系称不整合接触。根据两套岩层中间的不整合面上下岩层的产状及其所反映的地壳运动过程，可分为平行不整合（又称假整合，岩层平行，而以岩层缺失区别于整合接触）和角度不整合。

植物化石，中夹铝土岩，残厚大于500 m。

古近系 上部杂色黏土岩、粉砂岩夹泥灰岩和石膏层。下部红色黏土质粉砂岩、细粒砂岩、含砾砂岩，普遍含石膏层。分布于北部和西部。与下伏地层不整合接触。

新近系 棕黄、黄、棕红、杂色黏土、粉沙夹细沙，下部有时夹泥煤薄层，底部常见沙砾。主要分布于西部，地表未出露。

第四系 黄褐、棕、灰等杂色黏土、黏土质沙、沙、沙砾石层。广布于全区，东北薄、西南厚，厚度0～135 m。与下伏地层呈不整合接触。

构造

滕县煤田总的构造形态为一复式褶皱构造。煤田北部为一走向北东、倾向北西的宽缓单斜，以北东东向的断层为主体，经后期改造导致形态不甚明显的宽缓褶曲发育。中部是滕县背斜，轴向北东，轴部位于级索—庄里一带，由奥陶系地层组成。南部则为一宽缓的向斜，受其东部边界断层—峄山断层的控制，以近南北向—北北东向断层为主体，区内北东东向短轴褶曲发育。煤田内断裂与次级褶皱均较发育，构造比较复杂。

岩浆岩

滕县煤田内岩浆岩多以岩床、岩墙、岩脉状侵入到区内不同的地层中，侵入地层有侏罗系红色砂岩，二叠纪石盒子组、山西组、石炭—二叠纪太原组等。经鉴定岩浆岩的岩性主要为：橄榄辉石玢岩、玻基辉岩、橄榄辉绿岩、正长斑岩、辉绿岩、煌斑岩、闪长玢岩、石英斑岩等。经同位素测定属于中生代燕山晚期。岩浆岩侵入规模的大小不同，对煤层的影响程度各有差异。岩浆岩一般顺煤层层位呈岩床侵入，煤层造成缺失区，或变质为天然焦，煤层灰分增高，局部形成岩、焦混杂体或被吞蚀，煤层厚薄不一，结构复杂。

煤层

滕县煤田北部以太原组煤层为主。山西组煤层仅在双合、滨湖、湖西有保留，王晁、朝阳、北徐楼井田少量保留。山西组和太原组地层平均总厚285.55 m，共含煤层20层，其中，可采和局部可采煤层有$3_{上}$、$3_{下}$、$12_{下}$、14、$15_{上}$、16、17共7层，可采、局部可采煤层平均总厚11.89 m，含煤系数4.2%。滕县煤田南部山西组和太原组地层厚度290.29 m，含煤21层，煤层平均总厚11.78 m，含煤系数4.1%。其中，主要可采及局部可采煤层有$3_{上}$、$3_{下}$、$12_{下}$、16、17共5层，可采及局部可采煤层平均总厚9.32 m，含煤系数3.2%（表6-2）。

煤质

3（$3_{上}$）、$3_{下}$、$12_{下}$、14煤层以气煤为主，偶见气肥煤，$3_{上}$、$3_{下}$煤层局部为1/3焦煤；16、17煤层以气肥煤为主，次为气煤。$3_{上}$、$3_{下}$、16煤层局部地段因受岩浆岩侵入的影响，使煤层变质为瘦煤、无烟煤、天然焦。

勘探与开发情况

滕县煤田历经找煤、普查、详查、勘探、补充勘探等阶段，自1961年开始建井（柴里煤矿），目前形成32对生产矿井、2对在建矿井。滕县煤田矿井累计

表6-2　　主要可采及局部可采煤层特征一览表

煤层编号	煤层				夹石	
	层间距（m）	厚度（m） 两极值平均	结构	稳定性	岩性	层数
$3_{上}$		0～8.53 3.28	复杂	较稳定	泥岩、炭质泥岩、黏土岩、沙质泥岩	0～2
	0～42					
$3_{下}$		0～10.20 3.69	复杂	较稳定	炭质泥岩、沙质泥岩、黏土岩、泥岩、粉砂岩	0～5
	100±					
$12_{下}$		0～3.14 0.98	简单	不稳定	泥岩、黏土岩、炭质泥岩	0～2（偶见）
	2.70					
14		0～1.47 0.61	简单	不稳定—较稳定	黏土岩、炭质泥岩	0～1（偶见）
	12.49					
$15_{上}$		0.28～1.30 0.58	简单	不稳定	泥岩、炭质泥岩	0～1（偶见）
	32.83					
16		0～2.99 0.95	简单	较稳定—稳定	泥岩、炭质泥岩、黏土岩	0～2（偶见）
	10.00					
17		0～1.10 0.64	简单	不稳定—较稳定	炭质泥岩、泥岩	0～2（少见）

设计生产能力2 137万t，核定生产能力3 450万t，2009年实际产量2 900万t，均为井下开采。

济宁煤田

济宁煤田属石炭—二叠系煤田，位于山东省西南部，行政区划属济宁市管辖，主体部分在济宁市市中区境内，边缘地跨兖州、嘉祥、微山、鱼台及金乡等县市。范围东起孙氏店断层，西至嘉祥断层及核查边界，北起石炭系煤层露头或二十里铺断层，南至凫山断层，南北长约50 km，东西宽7～26 km（图6–4）。

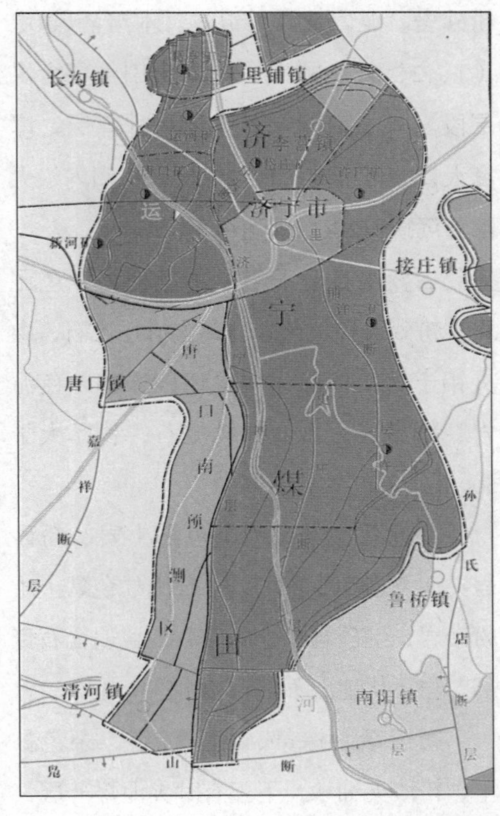

图6–4　山东省济宁煤田矿床地质简图

地层

奥陶系　由浅海相白云质灰岩、白云岩、泥灰岩、豹皮灰岩、石灰岩组成，厚570～757 m。

石炭纪本溪组　主要由灰绿色、杂色黏土岩、泥岩组成，底部为山西式铁矿和G层铝土岩，厚约35 m。与下伏地层呈平行不整合接触。

石炭—二叠纪太原组　属海陆交互相沉积，厚150.30～193.58 m，平均170.51 m。除王楼核查区大部分遭受剥蚀保留不全外，其余全区均有分布。主要由深灰、灰黑色泥岩、粉砂岩、浅灰色细砂岩及少量中砂岩、石灰岩及煤组成。含煤23层，均为薄煤层，可采和局部可采煤层6层。含石灰岩15层，其中3、8、$10_{下}$层灰岩稳定且厚度较大，是煤层对比的主要标志层。

二叠纪山西组　属温湿条件下的内陆冲积相及湖相沉积，厚48.40～101.53 m，平均72.64 m。主要由浅灰、灰白及灰绿色中、细砂岩及深灰、灰黑色粉砂岩、泥岩及煤层组成。本组含煤4层（1、2、$3_上$、$3_下$），是本煤田主要含煤层段。$3_上$、$3_下$煤层是主要可采煤层，厚度大，储量丰富；1、2煤层在煤田内绝大部分沉缺，2煤层偶达可采。

二叠纪石盒子组 中上部为杂色泥岩、粉砂岩和灰色砂岩，含植物化石，中夹铝土岩，下部为灰绿色砂岩和杂色泥岩、粉砂岩，富含植物化石，残厚大于500 m。

古近系 上部为杂色黏土岩、粉砂岩夹泥灰岩和石膏层，下部为红色黏土质粉砂岩、细砂岩、含砾砂岩，普遍含石膏层。与下伏地层不整合接触。

新近系 棕黄、黄、棕红、杂色黏土、粉沙夹细沙，下部有时夹泥煤薄层，底部常见沙砾。主要分布于西部，地表未出露。

第四系 黄褐、棕、灰等杂色黏土、黏土质沙、沙、沙砾石层。广布于全区，东北薄、西南厚。厚度0～338 m。与下伏地层呈不整合接触。

构造

济宁煤田为一轴向北东的向斜构造，向西南倾伏，东、西、南三面分别被孙氏店、嘉祥和凫山断层所截，受济宁断层分割，煤田分为东、西两个区。东区北翼宽缓褶曲发育，南翼以单斜构造为主，煤田内发育较多断层，构造中等偏简单；西区因受孙氏店、济宁及嘉祥等南北向区域性断层的控制，区内次级构造以南北向、北北东向断层为主，煤田中部、西边界地带受南北向济宁断层和嘉祥断层控制形成较多的附生断层；早期褶曲为北东向，后来受到南北向断裂的改造呈现南北向褶曲，构造中等、局部偏复杂（图6–5）。

岩浆岩

主要有橄榄辉长岩和闪长玢岩两种，其中橄榄辉长岩分布范围广，侵入层

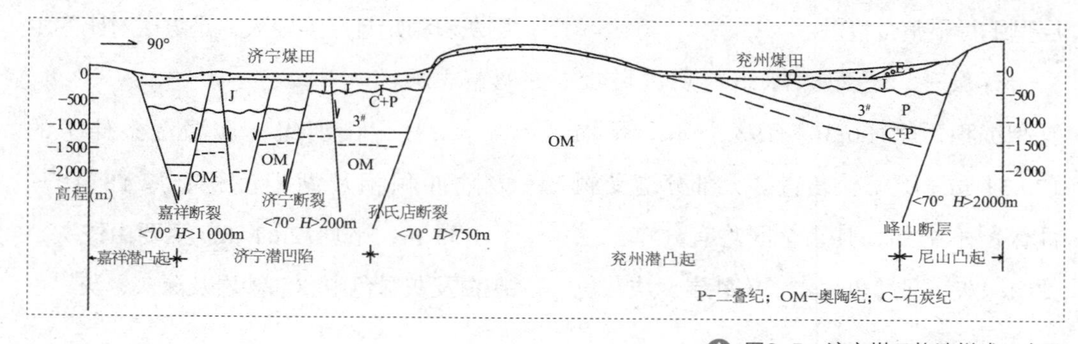

图6–5 济宁煤田构造样式示意图

位在上侏罗统第三段中、下部；闪长玢岩仅分布于煤田北部的葛亭煤矿，侵入于太原组底部至山西组顶部地层之中，对3、16、17煤层均有不同程度影响。

煤层

济宁煤田含煤地层为月门沟群的山西组和太原组，平均总厚243.15 m，共含煤27层（2～20煤层），煤层平均总厚为12.09 m，含煤系数为4.97%。可采和局部可采煤层有3（$3_{上}$）、$3_{下}$、6、$10_{下}$、$12_{下}$、$15_{上}$、$16_{上}$及17共8层，平均总厚10.94 m，可采煤层的含煤系数为4.24%（表6-3）。

煤质

3（$3_{上}$）、$3_{下}$、6、$10_{下}$、12下煤层以QM45为主，3（$3_{上}$）煤层零星分布有

表6-3　济宁煤田主要可采及局部可采煤层特征一览表

煤层名称	煤层：全井田厚度(m) 最小～最大 / 平均（点数）	煤层：结构	煤层：稳定性	煤层：可采性	煤层：间距(m) 最小～最大 / 平均（点数）	夹石：层数	夹石：岩性
3（$3_{上}$）	0～6.00	较简单	较稳定—不稳定	分布范围内可采	0～62.22	0～4	泥岩、粉砂岩
	1.99				29.08		
$3_{下}$	0～16.60	较简单				0～3	泥岩、粉砂岩
	4.37				26.04～60.53		
6	0～1.41	简单	不稳定	局部可采	39.47	0～2	粉砂岩、泥岩
	0.60				37.21～79.66		
$10_{下}$	0～1.91	简单	不稳定		53.48	0～2	泥岩
	0.56				6.39～28.55		
$12_{下}$	0～1.68	简单	不稳定		15.07	0～1	泥岩、粉砂岩
	0.57				7.47～29.63		
$15_{上}$	0～1.30	简单	不稳定		14.94	0～1	泥岩
	0.63				21.10～52.90		
$16_{上}$	0.43～2.88	较简单	稳定	全区可采	36.24	0～3	炭质粉砂岩、泥岩
	1.35				2.54～15.06		
17	0～2.46	较简单	较稳定			0～3	炭质粉砂岩、泥岩
	0.87				5.82		

QM44和1/3JM35；$3_{下}$煤层在煤田北部及南部出现小片天然焦区、焦煤、1/3焦煤区，南部大面积为气煤；$10_{下}$、$15_{上}$煤层有QF46点出现；$16_{上}$、17煤层以QF46为主，QM45及FM次之，仅在葛亭煤矿受岩浆侵入影响，16煤层在葛亭东部出现天然焦区，依次为无烟煤、贫煤、1/3焦煤，17煤层仅有无烟煤。

勘探与开发情况

济宁煤田历经找煤、普查、详查、勘探阶段，目前形成12对生产矿井、1对在建矿井。

坊子煤田

坊子煤田位于潍坊市坊子区，属中生代中—下侏罗统煤田。东起煤系地层剥蚀边界，西至F11断层，南起煤系底界露头，北至李家庄东断层及煤系剥蚀边界（图6-6）。东西走向10 km，南北宽约3 km，面积33.1 km²。

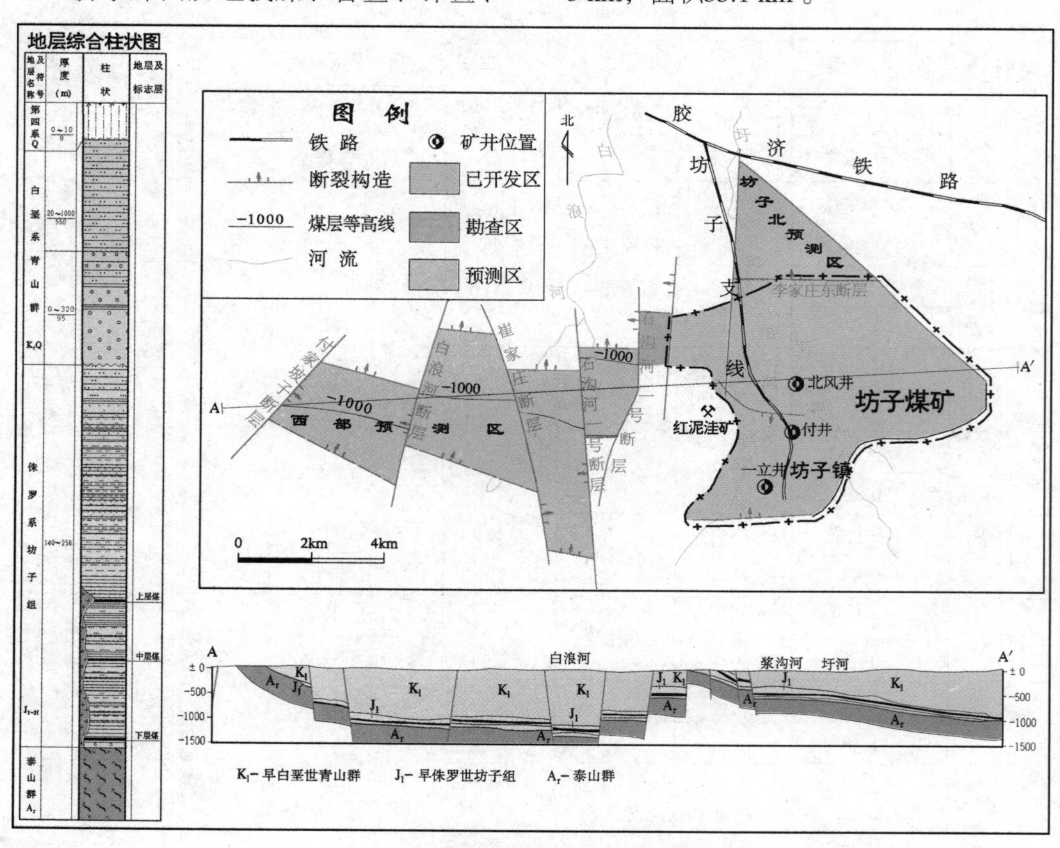

图6-6　山东省坊子煤田矿床地质简图（据山东煤田地质局）

地层

太古界泰山群　主要由花岗片麻岩、绿泥石片岩、角闪岩组成。出露于煤田南部，是含煤地层基底。

中—早侏罗世坊子组　由各种砂岩、砂砾岩、泥岩及煤层组成，厚193 m左右，含主要可采煤层3层。与下伏地层呈不整合接触。

早白垩世青山群　下部主要为凝灰质砾岩夹多层红色砂岩、粉砂岩，厚度0～320 m，平均95 m；上部主要为凝灰岩，厚20～1 100 m，平均550 m。超覆于下伏地层之上，呈不整合接触。

第四系　为灰褐、灰黄色沙质黏土及黄土层，厚0～19 m，平均8 m。超覆于下伏地层之上，呈不整合接触。

构造

煤田位于沂沭断裂带北端，受深大断裂影响，煤田内断层发育，按其走向可分为北北东—近南北向、北东向和近东西向三个断层组，均为高角度正断层。其中，以北北东—近南北向断层组较发育，近东西向断层组以李家庄东断层为代表，落差较大，构成煤田北部边界，其他断层落差较小。煤田内次一级褶曲较发育，轴向近东西。

岩浆岩

以燕山晚期中性—碱性闪长—正长斑岩为主，多以岩床、岩墙形式侵入煤系地层，尤其是中层煤和下层煤受影响最甚。岩体由北西向东南方向断续分布，逐渐减弱。

煤层

坊子煤田煤系地层下侏罗系含煤5层，其中可采煤层分为上、中、下三层，其他两层煤皆不可采，3层煤总厚度为5.50 m，煤系地层平均厚度159 m，含煤系数3.46%。其他两个不可采煤层，一层位于上层煤以上10 m左右，绝大多数为炭质泥岩，有时为0.10～0.80 m的煤（水平局部可采）；另一层位于中层煤以上、上层煤以下，厚度0.20～0.40 m，距上层煤4～8 m，该两个分层可采点很少，属不可采煤层，未编号（表6-4）。

煤质

各煤层大都为无烟煤，局部点为不黏煤、弱黏煤、贫煤和天然焦，富灰、特低—低硫。

表6-4 坊子煤田煤层特征一览表

<table>
<tr><td colspan="2">煤层名称</td><td>上层煤</td><td>中层煤</td><td>下层煤</td></tr>
<tr><td rowspan="2">厚度（m）</td><td>两极</td><td>0.07～3.40</td><td>0.10～10.99</td><td>0.05～10.32</td></tr>
<tr><td>平均</td><td>1.75</td><td>1.83</td><td>1.92</td></tr>
<tr><td colspan="2">稳定性</td><td>不稳定</td><td>不稳定</td><td>不稳定</td></tr>
<tr><td colspan="2">结构</td><td>复杂</td><td>复杂</td><td>复杂</td></tr>
<tr><td colspan="2">可采性</td><td>大部可采</td><td>大部可采</td><td>大部可采</td></tr>
<tr><td rowspan="2">层间距（m）</td><td>两极</td><td colspan="2">22.48～48.67</td><td>4.32～44.14</td></tr>
<tr><td>平均</td><td colspan="2">41.03</td><td>32.43</td></tr>
<tr><td colspan="2">顶板岩性</td><td>老顶：浅灰色含砾中—粗粒石英砂岩，致密坚硬
直接顶：深褐黑沙质泥岩，含植物叶化石</td><td>老顶：浅灰白色中粒长石石英砂岩，黏土质胶结易风化
直接顶：灰黑色粉沙质泥岩，水平层理发育，垂直裂隙发育</td><td>老顶：浅灰白色，石英砂岩，致密坚硬
直接顶：灰黑色粉砂岩
直接底：粉砂岩含砾泥岩</td></tr>
</table>

勘探与开发情况

坊子煤矿在清朝道光年间已有开采，近代受德、日侵略者掠夺采煤达14年之久。新中国成立后，地质调查、勘探工作断续进行，至1975年10月提交南店区详细报告后，累计探明储量13 221.3万t，现有省属坊子煤矿正在生产，年产规模35万t，地方煤矿有红泥洼、跃进等矿井。

龙口煤田

龙口煤田旧称黄县煤田，因龙口旧称“黄县”得名。它位于烟台龙口市和蓬莱市境内，为一个全隐蔽古近系煤田。东起北沟—玲珑断层，南以黄县断层为界，北、西均至煤层自然露头，东西长28 km，南北宽12～15 km，总面积375.2 km^2。已探明面积233.8 km^2，预测含煤面积141.4 km^2。陆地含煤面积274.6 km^2，海域含煤面积100.6 km^2。

地层

白垩纪青山群　由中性—碱性火山喷发岩和各种火山碎屑岩组成，为含煤地层沉积基底。

古近纪五图群李家崖组　自下而上分为5段，下部杂色岩段：位于煤4、油4以下至煤系底界，由灰—灰绿色泥岩、砂岩、杂色泥岩组成，厚度18～447 m。与下伏地层呈不整合接触。下含煤段：主要有泥岩、砂岩、炭质泥岩及油页岩，厚50～165 m，含不稳定煤层2层。上含煤段：上起钙质泥岩之下，下至煤2之上，由泥岩、泥灰岩、粉砂岩及油页岩组成，含煤5层，为该煤田主要含煤层段，厚40～150 m。泥岩段：以灰绿色、灰色、深灰色钙质泥岩为主，偶夹薄层泥灰岩、泥岩，煤田南部常相变为富含钙质沙、泥岩或互层。厚100～140 m，至煤田东部北沟一带较薄，仅20～75 m。杂色砂泥岩段：以紫红色泥岩为主，夹灰绿色泥岩，偶夹砂岩，厚度变化很大，残厚856 m以至尖灭。

新近系　上部为伊丁玄武岩，下部多为红色黏土、沙质黏土及杂色沙砾层。最大厚度可达60 m。

第四系　主要由沙土、沙质黏土、沙砾层组成，厚度0～120 m，由东南向西北增厚。

构造

该煤田为喜马拉雅早期形成的新生界断陷盆地，其东、南两侧均受断层控制。地层总走向为北东东，倾向南东，东西两端向盆地中心倾斜，形成以单斜为主的盆地构造。地层倾角平缓，断层比较发育，按其走向可分为近东西—北东东、北西、北东及北北东向四组；煤田内次一级褶曲有北马向斜、北沟—庄头向斜及曲谭向斜等。其中，北北东向褶曲可能与断块运动有关，非区域应力作用下的产物。

煤层

龙口煤田为下第三纪含煤组，总共含煤7层，自上而下含可采及局部可采煤层7层：煤$_{上}$3、煤$_{上}$2、煤$_{上}$1、煤1、煤2、煤3、煤4，煤系地层总厚度

67.02～278.50 m，一般厚度200 m左右。煤层总厚1.26～16.98 m，平均厚度9.12 m，含煤系数1.88%～6.09%；可采煤层总厚1.23～15.60 m，可采煤层平均厚度8.42 m，可采煤层含煤系数1.83%～5.60%。煤田聚煤中心位于西北部龙口、北皂及梁家一带。煤层沿走向及倾向变化较大，由西向东由北向逐渐变薄，层数减少，含煤系数随之减少，煤系地层由西向东逐渐变薄，由北向南逐渐增厚，并且粗碎屑岩增多，含煤系数也随之减小。区内可采煤层有煤$_{上}$2、煤$_{上}$1、煤1、煤2、煤3、煤4。其中，煤1为全区稳定可采煤层，煤2大部地区可采，其余为局部可采煤层。各可采煤层特征见表6–5。

表6–5　　龙口煤田可采及局部可采煤层特征一览表

矿层名称	夹石层数	厚度 纯煤层（m）两极值（平均值）	间距 两极值 平均值	可采性	结构	稳定性
煤$_{上}$2	1～5	0.60～2.06		局部可采	复杂	不稳定
		0.95	20			
煤$_{上}$1	0～7	0～1.95	20	局部可采	复杂	不稳定
	1～2	0.99（89）	8.75～23.12			
煤1	0～2	0.57～2.24	15.22	大部可采	简单	较稳定
		1.03（180）	12.45～34.62			
煤2	0～3	0.77～5.34	18.88	大部可采	简单	稳定
	0～1	3.34（182）	8.23～17.80			
煤3	0	0～1.32	12.89	局部可采	简单	不稳定
		0.76（105）	51.92～95.91			
煤4	0～15	0～12.32	72.20	局部可采	复杂	不稳定
		6.57（136）				

煤质

主采煤层为中灰、特低硫分褐煤、长焰煤；油页岩低温干馏平均含油率15.63%~16.05%，最高达22.8%。

勘探与开发情况

龙口煤田于1967年4月打水井时发现，同年6月由山东省地质局第三综合大队施工，于1969年提交《洼里区地质勘探报告》，1968年11月开始建井，1974年12月建成投产。1969年下半年，山东煤田地质局勘探队4台钻机和1个地震分队进入该煤田施工，1978年6月提交《黄县煤田详查（总体）勘探综合地质报告》，为矿区总体设计和开发建设奠定了基础。之后，又相继提交了梁家、雁口、北沟井田精查地质报告，柳海勘探区中间资料，洼里井田精查补充报告，乡城、郑家精查报告。累计探明储量113 597.9万t，已陆续建成洼里、北皂、梁家、桑园、洼东等煤矿。为适应北皂煤矿扩大生产，1997年12月山东煤田地质局提交了26 km^2的海域扩大区勘探报告，现已作为北皂煤矿延伸扩大区利用。

参考文献

[1] 李增学. 煤地质学 [M]. 北京: 地质出版社, 2009.

[2] 曹代勇. 煤炭地质勘查与评价 [M]. 徐州: 中国矿业大学出版社, 2007.

[3] 杨起. 煤地质学进展 [M]. 北京: 科学出版社, 1987.

[4] 邵震杰, 任文忠, 陈家. 煤田地质学 [M]. 北京: 煤炭工业出版社, 1993.

[5] 吴晓煜. 中国古代煤矿史的基本脉络和煤炭开发利用的主要特征[J]. 中国矿业大学学报: 社会科学版, 2010 (3): 91−98.

[6] 韩德馨, 杨起. 中国煤田地质学: 上册 [M]. 北京: 煤炭工业出版社,1979.

[7] 韩德馨, 杨起. 中国煤田地质学:下册 [M]. 北京: 煤炭工业出版社, 1980.

[8] 戴德立. BP世界能源统计年鉴 [R]. 2013.

[9] 毛节华, 许惠龙. 中国煤炭资源分布现状和远景预测 [J]. 煤田地质与勘探, 1999, 27(03): 1−4.

[10] 张泓, 晋香兰, 李贵红, 等. 世界主要产煤国煤田与煤矿开采地质条件之比较 [J]. 煤田地质与勘探, 2007, 35(6): 1−9.

[11] 霍丙杰. 复杂难采煤层评价方法与开采技术研究 [D]. 阜新: 辽宁工程技术大学, 2010.

[12] 白浚仁, 刘凤歧, 姚星一, 等. 煤质分析 [M]. 北京: 煤炭工业出版社, 1990.

[13] 包茨. 天然气地质学 [M]. 北京: 科学出版社, 1988.

[14] 斯塔赫. 斯塔赫煤岩学教程 [M].杨起, 等, 译. 北京: 煤炭工业出版社, 1990.

[15] 李思田. 含能源盆地沉积体系 [M]. 北京: 中国地质大学出版社, 1996.

[16] 柴岫. 泥炭地学 [M]. 北京: 地质出版社, 1990.

[17] 陈亚云. 应用煤岩学基础 [M]. 北京: 冶金工业出版社, 1990.

[18] 李思田. 断陷盆地分析与煤聚集规律 [M]. 北京: 地质出版社, 1988.

[19] 武汉地质学院煤田教研室. 煤田地质学: 上册 [M]. 北京: 地质出版社, 1979.

[20] 武汉地质学院煤田教研室. 煤田地质学: 下册 [M]. 北京: 地质出版社, 1979.

[21] 煤炭科学院地质勘探分院, 山西煤田地质勘探公司. 太原西山含煤地层沉积环境 [M]. 北京: 煤炭工业出版社, 1987.